YAMMAの服にできるコト

山﨑ナナ
Nana Yamasaki

小学館

Prologue

ヤンマ産業を立ち上げた２００８年からちょうど10年目となる２０１８年、ひとつ決めていたことがありました。それは２０２０年から、全国各地にあるお取引先のお店さんで開催してもらう自社のアパレルブランドＹＡＭＭＡ（以下ヤンマ）の展示会に、スタッフを派遣するのをやめるということでした。

ヤンマのお洋服は、展示会でお客様にサンプルをお見せして注文をいただくというのが基本の販売スタイルです。だから、展示会は活動の根幹ともいえる、大切なイベントです。そこでヤンマのお洋服のことや、会津木綿を始めとする使っている生地のこと、サイズ調整のことなどを作り手としてきちんとお伝えしたい。そう考えて、当初は私が、最近ではスタッフが、ほとんどすべての展示会に出張し、店主の方々と一緒に接客にあたってきました。

ところが、年を追うごとにお取引先が増え（本当にありがたいことです！）、今は私がアメリカのニューヨークを拠点にしていることもあり、すべての展示会にスタッフを派遣することに限界を感じ始めたのです。

一方で、店主さんたちは素晴らしい方々ばかりなので、ヤンマのお洋服のことをきちんと理解し、お客様にも丁寧に説明してくださるようになってもいました。展示会でお客様と直接お話できなくなるのは残念だけれど、これはもう、店主さんたちにお任せしてもいいのではないだろうかと思ったのです。

そこでお取引先には、「２０１９年は２０２０年からお店さんだけで展示会をするための準備期間とし、スタッフ派遣をしない代わりに受注期間を長くします」という話をしました。さらにヤンマでは、長く貸し出せるように展示会用サンプルを増やしていました。それが、今となっては、なんだか前もってコロナ禍への準備をしていたような感じになってしまいました。

そして２０２０年。予定通りヤンマは展示会へのスタッフ派遣をやめ、展示会自体が中止になったりしつつも、しだいに多くのお店さんが予約制で受注会をするようになりました。もともとどのお店さんもお客様とのつながりが強いので、なるだけ外出をひかえたい時期だけど、店主さんには会いたいな〜というお客様が、普段はしっかり自粛生活をしながら、やっとの思いで息抜きにいらしているようにも見えました。

そんなコロナ禍を、私はアメリカのニューヨーク州ブルックリン市のアパートですごしてきました。この1年弱、さまざまな未曾有の事態が起こりました。２０２０年3月16日の月曜日から公立学校が休みに入り、23日からは最初のロックダウン開始。3月末には飛行機もほとんど飛ばなくなり、日本に帰ることはできても、アメリカに戻ってこられる保証がないので、「ちょっと帰ります！」と帰るわけにはいかなくなってしまいました。

そうこうするうち、5月にはミネアポリスで白人警官による著しく不当な黒人殺害事件が起き、それをきっかけにBlack Lives Matterを合言葉とする抗議運動が大きなうねりとなって全米各地に広がったことは、ご存知の通りです。ニューヨークでもたくさんの穏健なデモが起きる一方で、便乗した暴徒が現れ、マンハッタンはカオスに。数日間は夜8時から朝5時までの外出が禁じられました。

差別撤廃を求める声が大きくなるごとに、アメリカ社会全体に広がる分断。4年に一度の大統領選がさらに追い打ちをかけたように見えました。さらに今年1月、選挙結果を認めないトランプ支持者たちが、アメリカの民主主義の象徴とされる連邦議会議事堂に押し寄せ、襲撃、占拠する事件が発生……。

怒濤の日々の中、私は私たちが生きている〝今〟という時代について考えていました。私たちはつねに〝何かの途中〟にいます。決して今の状況が結論ではないし、また、最良でもない。つねに何か理想を求めて、生きている（はず）。

この本の企画を一昨年の夏にいただき、じゃあ来年の春くらいから手をつけていきましょうか……なんてのんきに考えていたときには、その〝来年の春〟から世界がこんなにも激変するとは想像だにしていませんでした。

それでも、そのときどきの世の中や自分の状況に合わせて、理想を求めて進んでいく。そのこと自体は、いわゆる〝ニューノーマル〟の時代になっても、変わらないはずだと思います。

そして私はこれまで、ヤンマのお洋服を通して自分なりの理想を実現しようと突っ走ってきました（〝途中〟なので、まだまだ走ります。笑）。この本は、そんな私とヤンマの記録でもあります。

２０２1年2月　山﨑ナナ

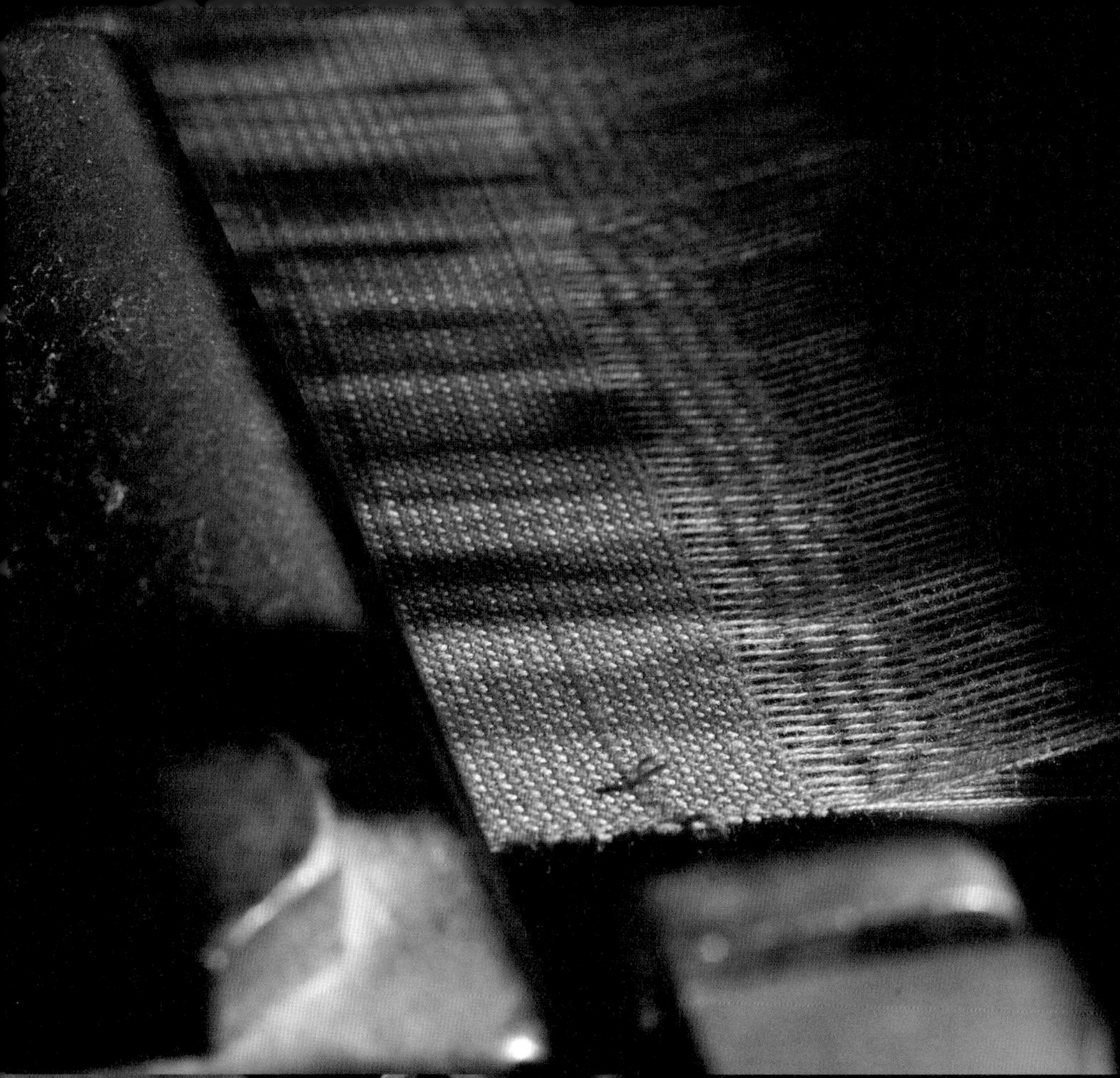

Contents

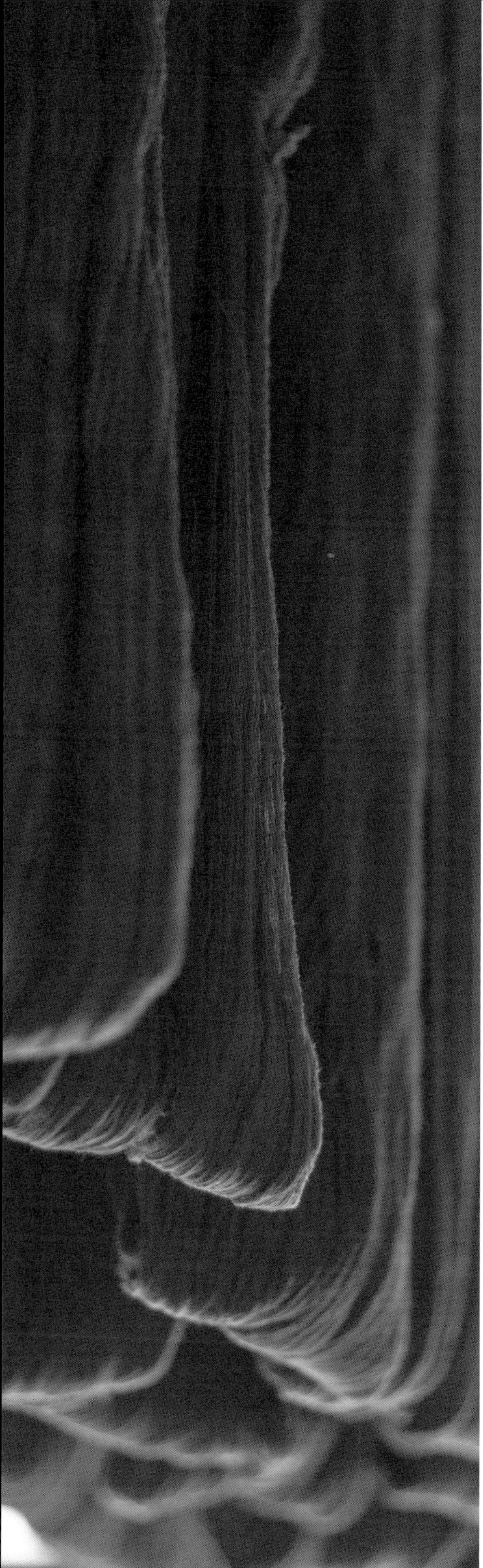

Chapter 4

日本の美しい布を探して

Column

Chapter 1

ヤンマ産業ができるまで

YAMMA

社会に向けてできることって、なんだろう？

初めての〝社会〟に向けたプロジェクト

私は、学生時代は東京藝術大学美術学部先端芸術表現科というところで、現代美術や舞台美術を勉強しました。そこでは、私的な表現を越えて〝社会〟に向けて、アーティストに何ができるかということを随分考えさせられました。

だから私がデザイナーとして〝もの作り〟を始めるとき、自分が〝ファッション〟の仕事をするということが〝いったいどういうことなのか〟について随分考えました。

たとえば、私が大学1年生のときに助成金をいただいてやったプロジェクトに〝リサイクル〟をテーマにしたものがありました。それは学校のある茨城県取手市でのプロジェクトで、そのときは、地域の一般家庭から参加を募り、20世帯ほどにご協力いただいて家族の食卓の写真を撮らせてもらい、それをかなり大きく引き延ばし、ポスターにしてゴミ捨て場に展示するというものでした。

取手市はゴミの分別ルールが厳しく、袋の色も何色かあって、可燃ゴミ、不燃ゴミ、資源ゴミ、危険物……などなど、細かく分かれていました。ある日、間違って可燃ゴミにペットボトルの蓋を入れたら、近所のおばちゃんに朝っぱらから起こされて、すごく怒られて、イヤーな気分になりました（笑）。まるで、そのペットボトルがゴミになったときの思い出まで台無しにするような勢いでした。

そのときに〝リサイクル〟というのはゴミだけの問題じゃなく、ゴミが出ても、昨日食べたご飯はおいしかったなあとか、楽しかったなあとか、思い出すことで昇華されるものもある、つまり〝記憶のリサイクル〟もあるのじゃないかと思いつきました。

この世の中には、無駄な消費だけでなく、大事な消費もある——ゴミが出るから何かをしない、という消極的な活動ではなく、ゴミが出るけどその分思いっきり楽しもうという能動的な消費活動について考えるのはどうかな、と思ったのです。そこから生まれたプロジェクトのタイトルは「リサイクル　ぐるぐる回って　どこへ行く　あなたの心が終着駅　プロジェクト」。なんだかふざけているようですが、しっかりプレゼンをしてお金（税金です）ももらって、実現にこぎ着けた初めてのプロジェクトでした。

〝ものを作る〟ことへの疑問

そんなふうに、あらゆる表現の〝意味〟や〝コンセプト〟を考える癖がついていた私は、じつは〝ものを作る〟ということにとても懐疑的でもありました。それは、アートピースには意味をなさないものは〝ゴミ〟でしかないというシビアな側面や、展示のあとに大量のゴミが残る展示もあるといった現実を知っていたから。どんなに素晴らしい表現でも、それを作ったあとの人間としての責任の取り方も軽視できないなあ、と考えていました。

　そんな私が、大学院にまで進んだ末にもの作りを活動のベースとするヤンマ産業を立ち上げるに至った大きなきっかけは、妊娠・出産でした。大学院2年生のときに妊娠し、卒業と同時に出産。何しろ安定した収入が必要！　ということで、ひとまず派遣社員として3年間事務の仕事をしながら、その間に自分が好きな〝布で何かを作る〟仕事で、子どもとの時間を確保しながらマイペースでできるビジネスのプランをいろいろ考えました。

　せっかくものを作るのであれば、何かしら大きな効果をもたらしたい。大きな効果とは、ものを手に入れたお客様も幸せ、売る人も幸せ、作る人も幸せ、間に立っている私も幸せ、という図です。

　そんな図を描ける仕事として一番初めに浮かんだのは、〝自分で服をデザインする〟というアイデアでしたが、なんといっても〝ファッション＝流行〟。これはとくに苦手な分野でした。学生時代はゴミ問題を制作テーマにしていたくらいですから、ファッション業界のゴミ問題はとうてい看過できるものではありません。ファッションビジネスに手を出す前から、乗り越えなければいけない矛盾と課題がすでに目に見えていたので、躊躇してしまいました。

　では、そこからどうやって今のヤンマ産業のかたちができていったのか。私の紆余曲折の人生を振り返りながらたどってみたいと思います。

ファッションと私

原点は母の仕事

　私の母は洋裁師でした。弟と私のふたり姉弟の部屋には足踏みを電動に改良した職業用ミシンがあり、今思うと、母の仕事部屋に私たちがずっと居座っていたような気もします。いつもミシンが動いていて、布が散乱していたのを覚えています。母はよく4つ下の弟とおそろいの服を作ってくれて、グリーンのタータンチェックの上下をふたりで着ていたこともよく覚えています。

　ただ、たまに余計なことをしてくれたのもよく覚えています。たとえばある日家に帰ると、私が気に入っていた紺色のTシャツに、あろうことか、ベージュのアラベスク調の柄生地でスカートがくっついていました。すごくショックで「なんねこれ〜（熊本弁）」と泣いたことを覚えていますが、その後それを着ていたことも覚えているので、どこかで納得したのかなあ。今思うと、紺のTシャツにベージュの柄生地でスカートをくっつけちゃうなんて、かわいいですよね。

　こんな感じで、デザイナーなどではなく、アイデアで気軽に裁縫を楽しむ人だったので、私も、お洋服を買うときは、裏まで見て、これは作り変えられるなあとか、縫い代がたくさんある、とか、よく見ていました。仕事が汚いと「これは縫製がよくない」とか偉そうに言っていましたね。子どももあるあるです（笑）。「この丈がいやだ」「ちょうちん袖がいやだ」などと言えば母が作り変えてくれるので、私は細かなこだわりも気安く口にしていました。もしかしたらその頃から（デザイナーへのリスペクトなんて言葉も知りませんでしたし。笑）、自分の気持ちがいい丈、サイズ感、というのがすごく大事で、それが第一条件にあったのかもしれません。

洋服は見るのも買うのも大好き

　洋服を買うのも大好きで、よく母の買いものにもついて行っていました。とはいえ、母とは本当に趣味が

左ページ写真／子ども時代のスナップ写真。中央上の写真で私が着ているのが、母が弟とおそろいで作ってくれたタータンチェックのジャケット＆パンツ（弟は違うものを着ていますが。笑）。

FUJICOLOR

違って、母もガッカリ、私もガッカリするので、中学校に上がる春休みから、自分で街（アーケード街）まで行って洋服を買うようになりました。

街まではバスでうちから約30分、自転車だと20分くらいだったのですが、高校を卒業するまで、ひとりで本当によく行っていました。といっても、じつのところ私はめちゃくちゃ親に気を遣う子どもで、高いものを欲しがったりはできませんでした。高いものは見るだけ。今思えば、見るだけだったお店のショップスタッフはどんな気分だったんでしょうね。

当時はひと月のお小遣いが5000円だったので、3か月ためてラルフローレンの1万4800円のシャツを買う、とか、セールを待ちわびる、とか、そんな感じでした。高校3年生のときにはセンター試験とパルコのセールの初日がかぶり、私は「セールに行きたい」と言って、途中で帰ってしまいました。試験会場の門のところに当時の高校の担任がいて「なんで帰ってんだ！」と怒鳴られましたが、「私、大学受けないし。セールに行きたいから」って言ってそのまま帰りました。

結局、センター試験は国語と英語と数Ｉしか受けてなくて、その3教科で受けられる国公立大学を先生が選んでくれて受験させられましたけどね。

地元の短大に行こうとしたけれど……

この頃は今思えばとにかく優柔不断で、勉強がもっとできるようになりたい、アートの道にも進みたい、何か褒められるとそっちになびいちゃう（笑）みたいな感じでした。そのくせいつも動機が不純で、好きな子がいるからという理由で学校を決めたり。センター試験の途中で帰ったのも、じつはそのとき好きだった人と同じ学校に行きたくて、隣の県にある私立の短大に行こうとしていたからでもありました。

ところが、短大の受験当日、会場で出された問題が簡単すぎて、こんなところにお金払って行くのは親にも申し訳ないし、行かんでいい……と我に返って、結局、自分で選んで宅浪（予備校に行かずに自宅で浪人）することにしたのでした。

父と私

肥後もっこすの教え

父、鶴五郎は、生まれだけ大阪の熊本人(?)で、天草の山奥で育ちました。天草といえば海！　というイメージかもしれませんが、父からは山を越えた話ばかり聞かされていました。実際、山に囲まれた熊本では海は山とセットです。

熊本ですから〝肥後もっこす〟で、頑固というよりは〝取り付く島がない〟という感じの、超マイペース。自分の言いたいことだけを言っているような人でした。高校中退で、自分で工務店をやっていました。だから、私が会社勤め(といっても派遣)をしているときは、私にもずっと「独立しろー」「独立しろー」と言い続けていました。ものごとをすんなり受け入れることができない質《たち》で、みんながやっているようにやろう、みたいな感覚は皆無な人です。

小学2年生のとき、モンチッチというぬいぐるみが流行りました。私が誕生日にそれを欲しがると、父に「なんで欲しいんだ?」と聞かれ、ちょっと言葉に詰まって「みんな持ってるし……」と言ってしまいました。すると言ったが最後、「そんな理由では買わん」となりました。自分でも絶対言っちゃいけない理由だったことはわかったので仕方がないと思っていたら、それを見ていた母が私を不憫に思い、こっそりモンチッチを買ってきてくれたんです。ところが、そのモンチッチがバッタもので……喜べないし、責められないしで、母に対してすごく微妙な気持ちになると同時に、父からは「〝みんながやっている、みんなが持っている〟は理由にならない」という学びを得ました。

受験に立ちふさがる〝父〟という壁

そんな父の考え方は、結構いろんなところに影響してきました。たとえば進学。義務教育のうちは〝近所の学校へ自動的に行く〟のでスムーズだったのですが、高校受験になると、大体自分のレベルと合った一番いい学校を受けますよね。そこには好きも嫌いもな

左ページ写真／我がふるさと、熊本の風景いろいろ。上段右から時計回りに、阿蘇随一のビュースポット、大観峰から見た阿蘇カルデラと阿蘇五岳、高校時代に足繁く通った上通アーケード、熊本のシンボル・路面電車、そして熊本城。2016年の熊本地震で大きな被害を受け、現在は復興が進められています。（写真：うつわ屋 Living&Tableware 提供）

い。でも、それに彼は納得しないわけです。

受験しようと思う学校を伝えると、「一番行きたいところなのか？」と聞かれる。一番とかよくわからないし、そもそも高校に行きたいのかもわからない。そのうち自分もなんで高校に行くのか……？　と考え始め、結局、好きな子のいる学校に行きたい！　となりました。もちろん、そんな理由は父には言いませんでしたが「行きたい学校がある！」ということで、無事に受験校は決定。モチベーションとしては完璧です。

さらに大学受験のときも同じでした。小さい頃から「何がしたいのか」ばかり聞かれていたので、「やりたいことができないなら、もうなんでもいいや」という方向に行っていました。本当は美大に行きたい、留学したい、という希望があったのですが、決して裕福ではないし、ここは自分でも謎なのですが、知りもしないのになぜか親の懐具合をいつも心配して、東京に出たい、留学したい、などとは言い出せませんでした。父とはまったく対等じゃないので、相談できる存在とは思っていなかったんです。

一方で、高3のときの担任がとても私に目をかけてくれて、その先生からは「一度でいいから東京に行ってこい。東京に行って青山通りを歩いてこい」と勧められていました。ところが私は当時好きだった人と同じ九州の大学に行こうとしていて、親の言う通り短大でも出て嫁に行こう、くらいに思っているので目が覚めない。業を煮やした先生がうちに電話をかけてきて「娘さんを東京の大学に行かせてください」と言ってくれたのですが、父の返事は「今年は欲しい車があるから無理。来年にしてくれ（笑）」でした。

自分で決めたこと

なんて父親だと思い、しばらくは「お金さえあれば……」と父を恨んでいましたが、今となっては、私自身も隣の芝生は青く見える、という感じで、他人の親のいいところばかりを見ていた気がします。結果的に、私は自分で「やっぱりもっと勉強して、家を出て、大学に行きたい」と思うようになり、自分のわがままで決めたことだから無駄なお金を使わずに、自宅で自分で勉強して大学に行こう、と自分で決めました。

結局、大学は一浪して山梨の都留文科大学という公立大学に行きました。田舎からさらに田舎に行った感じではありましたが、田舎ゆえに生徒も真面目だし、

今も続くいい友だちができました。

ただ、当時私は学費を手渡しで払っていたので、定期的にまとまったお金を手にしていました。そのお金を見て、「こんなたくさんのお金を払うなら、もっと行きたい大学に行きたかったな」と思い始めるんです。熊本で、親のそばにいるときには思いもつかなかったのですが、「お金を貯めて、自分で、自分の行きたい大学に行こう」と思いつくんです。

おそらく、これが、自分にとって、アイデンティティが確立した瞬間と言ってもいいかもしれません。

それまでは、人と話していても〝親が反対する〟とか〝親のせいで〟とか、ふた言めには〝親が〟〝親が〟と、親の話ばかりしていました。最終的に大学を辞めると言い出したら、母は半狂乱でしたが、父は「お前の人生で、俺のせいでこうなった、とか言われるのはいやだから、もう二十歳なんだし、好きなようにしろ。その代わり一切援助はしない」と言われました。もう自由にアルバイトもできる年齢だったし、初めて「好きなようにしろ」という言葉が「好きなようにしていいんだ」と実感をもって感じられた瞬間で、私は自由だ!!　と思いました。

6年間の浪人生活

忘れかけていた過去

最近ある雑誌のインタビューで自分を振り返ることがあり、すごい多浪（何度も浪人すること）したんです、という話をしていて、はたして何年したのかな、と思い出したら6年でした（笑）。あまり向き合いたい過去ではなかったので、忘れかけていましたが。

大学を中退して、働きながら予備校に行ってという生活だったので、厳密には予備校自体は1年目だけフルで通って、あとは受験の時期の直前に数か月通う、というサイクルを何度も繰り返していました。それも、今年も受けようかな～どうしようかな～と悩む感じではなく、3月に受験の結果が出ると、落ちて、すごく落ち込んで、でも、「よし、もう1回受けよう！仕事探すべ！」と派遣会社に登録したり、就職したりして3か月の浪人生活分の貯金を9か月で作る生活を繰り返していました。

今思えば、毎年100万円貯金して、毎年3か月でそれを使い切っていたわけです。自分への投資はすごかったですね（笑）。学生生活が終わる30代前半までは海外旅行にも行かず、友だちの結婚式にも手ぶらで行っていました。みんなよく許してくれましたね。

そんな6年を経て、やっと大学に合格。当初から父は「受かったら学費は出す」と約束してくれていたので、学費だけは甘んじて頂戴し、日々の生活は奨学金とアルバイトでしのぎました。結局大学院まで行ったので、6年間の学生生活が終わったときには800万円の借金を背負っていました。

当時は、とにかくお金のことを考えていました。でも、親と一緒にいるときには何かやりたいことを思いついても「出してくれないだろうなあ」と考えあぐねていたのが、自分で稼げばいいだけなので、「お金がない！」と思ったことはなく、むしろ時間がたくさん欲しいなあと思っていました。今思えば、アルバイトは時間を切り売りしているわけで、〝時間がない〟は〝お金がない〟と直結しているんですけどね。

大学でわかったこと

美術家をめざして

浪人生活の末、私は東京藝術大学（以下「芸大」）の美術科に行ったのですが、そこで非常に大きな壁にぶち当たります。入ってわかったのですが、芸大というところは、〝画家・彫刻家・現代美術家〟もしくは、〝日本の古美術や技能を修復保存する工芸家や修復家〟を生み出すことを第一義とする学校で、デザインや舞台芸術のような商業美術はちょっと二次的な存在なんですね。画家、彫刻家、現代美術家はアーティストで、デザイナーはあくまでもデザイナーというような格付けがありました。

両者に上下はないように言うのは詭弁で、これはデザインだ、これはアートだ、みたいな問答はしょっちゅう見てきたので、ヒエラルキーはあると思いました。私も当然のように、初めは〝美術家〟になるための勉強をしました。まず大学に入ると〝コンセプチュアルアート〟の勉強をさせられました。社会の中での自分の存在を位置付けるために、自分がどこから来たのか、自分はどこへ行くのか、自分が属する年齢や性別、日本人であることとは……いわゆる〝自分探し〟を随分させられました。そうやって自分のスタンスを明確にしたところから、自分に何が発信できるか、何が表現できるか、自分に訴求力があることは何か、などを追求していきました。その中で私が4年間やり続けたテーマは、やはり生活まわりのことでした。

大学1年のとき、コンペに通り、「リサイクル グルグル回って どこへ行く あなたの心が 終着駅」というタイトルで、ゴミと記憶のリサイクルをテーマとするプロジェクトをしたことは、前述の通り（10頁参照）。ほかにも20人くらいの若手アーティストが参加する展覧会では、参加するアーティスト全員の家、もしくはアトリエを訪問して室内の風景を撮らせてもらい、それをTシャツにプリントしたものを展示させてもらいました。そのときのテーマはなんだったんだろうな……。その後、ちょっと人疲れして（笑）、もうちょっ

とひとりでできる、力技ではない作品然としたもの（笑）を作ろうとしたりもしたんですが、いまいち自分でやっていても面白くありませんでした。

もうひとつの活動

こうした表向きな〝学校の点数になる〟活動のかたわら、じつはずっと舞台美術や衣装のお手伝いをしていました。学部生のときに木幡《こばた》和枝という今は亡き教授（芸術評論家・アートプロデューサー）に出会い、彼女の研究室に入れてもらい、彼女がマネージメントをしている田中泯というダンサーに出会いました。木幡先生の計らいで泯さんがプロデュースをする舞台のお手伝いをさせてもらったり、それ以外にも小劇団の舞台衣装をトータル10か所くらい手がけました。

舞台衣装の仕事はたいしたお金にはなりませんし、劇団員もキャラクターの濃い人が多く、人間関係で疲れることもままありました。それでも舞台が完成すると、自分の作った装置や衣装がひときわ輝いて、ただ置かれているものではなく、人が身につけたり使ったりすることで無限の可能性を発揮するさまを目の当たりにし、やはり舞台の仕事は楽しい！　と最後はいつもつらかったことは忘れる感じでした。

二重生活の末に

そんな、私的なアート活動とサブカル（デザイン）活動の〝二重生活〟を大学4年間でみっちりしつくしたところで、私は〝アート〟を続けるのは無理だな、という結論に行き着きました。

その理由は、私の考え方がアートに向いていないというものでした。私の考え方は、とにかく具体的なのです。問題提起に終わらず、解決したくなる（笑）。「それって人間のサガよね〜」と言っているそばで、「いやいや、ちゃんと行動に移せよ。解決しようや！」となる（笑）。

とはいえ、人間はこの世にいるかぎり、食べたり、汚したりすることで何かを犠牲にし続ける存在で、本当の解決法はありません。それでも問題提起をするという意味でアート的なアプローチは必要なのですが、私の場合、「ゴミが減りますように」ではなく「ゴミ減らそうや」となってしまう。実際のところ、地球環境をよくしようと気づきを与える作品にも、大量のゴミを出すようなアート作品はたくさんあります。ただ費

右ページ写真／大学院修了制作展の図録。
上／図録の私のページ。作品タイトルやスペックは実際に制作した作品のものですが、写真は生まれたての娘にしました。材料は「毛糸／ wool」となっていますが、娘がウールでできているわけではありません（笑）。

用対効果（こういう考え方もアーティスト的じゃないですね、笑）。で考えたら、アーティストがゴミを出すのは、私の中でも許されると思えるようなところもあります。思想や哲学を伝えるのは本当に大事なことだと思います。

しかし、私にはそれはできない、やっぱり、自分でなんとかできることは自分でなんとかしたいし、自分の身のまわりの人に伝えて納得してもらうほうが楽しい。残念だけどアートはやめよう、と思いました。それが大学4年のとき。これがじつはすごく大きな決断で、当時は本当に落ち込んでいましたね。アートが向いてないなんて……27歳で大学に入って、行けるところまで行こうと思っていたのに、挫折するのかあ……みたいな。挫折は誰かに突きつけられたわけではなく、完全に〝自分の尺度〟でのことだったのですが。でも、みんなそんなものだと思うんですよね。

最後のアート

ともかく、そんな調子で大学4年のときに自分がアートに向いていなかったことに気がついたのですが、就職活動をする時間もなく、いや、それよりも、そのときすでに30歳で、そこから就職という年齢でもなかったので、友人の勧めもあり、大学院に行くことにしました。ひたすら突っ走った20代を振り返り、「（国立大学なので）税金使って申し訳ないが、大学院に行って2年間休ませてもらって、先のことを考えよう」と思いました。

大学院では3つのアート作品を作ったのですが、どれもよく記憶に残っていて、最後の作品は「the last and the lasting（終わりと持続）」というタイトルで、これが最後だけど、私が大学時代に考え溜めた思想はこれから一生私の人生の中でなくなることはないな、という思いを込めたものでした。アートで学んだことは、これからも〝生活〟という舞台でずっと続くと思っていたし、そうやって完成させていこうと思っていました。

そして、大学院卒業と同時に娘が生まれました。なので、大学院の修了制作展の図録には、記念にと作品ではなく生まれたての娘の写真を載せました（笑）。

〝3年後〟に事業を始める！

新たな目標

娘が生まれると同時に、社会に復帰（笑）。出だしからシングルマザーだったので、まずは9時5時でできる仕事をしよう、と派遣社員になりました。

芸大なんて場所に6年もいて、さらにそれ以前の6年も予備校通いでデッサンのことしか考えていなかったのだから、本当に社会復帰という感じでした。学生時代の木幡先生の言葉で、よく覚えているのは「ビビッドじゃないことはやるな」でしたが、その頃私が見ていた社会はビビッドからは遠く離れていました。まさにグレーな社会。しかし、毎日定時に帰ることができて、毎月同じお給料がもらえる。私にとっての優先順位は〝娘との時間〟だったし、娘との時間はビビッドそのものだったので、とても満足していました。そしてその中で、3年経ったら何か自分で事業を始めよう、と早々に目標を立てました。

さて、何をするか、です。

技術的に私にできることは〝美術全般〟と〝服を作る〟ことでした。子育てをしながらお金も稼がなくちゃいけないので、舞台の仕事は早々に選択肢から消えました。そして、現実的に考えて〝洋服を作る〟のがいいかと考え始めました。しかし、服飾の学校で学んだわけではないので、流通などはよくわからない。さらに、現行のファッション産業が好きかと聞かれると、むしろ苦手。大人になるにつれてデパートやファッションビルからは足が遠のき、大量に並ぶ洋服にもゲンナリしていました。セールも嫌いです（高校生のときはパルコのセールが一番のイベントだったのに、笑）。

それでも、『流行通信』を定期購読したり、自分なりに好きなファッションはありましたし、興味はありました。ファッションが好きなのに、ファッションを取り巻く環境やファッション産業が嫌い、という感じです。そこで、どうにか自分の納得のいくやり方でファッションの仕事ができないかと考え始めました。

少しずつ見えてきた〝布もの〟の仕事

しかし、やっぱり、ファッションの仕事はすごく敷居が高く感じました。舞台衣装は作れても、ファッションの勉強はしたことがない。直断ち（布に直接線を引いて裁断すること）で服は作れても、パターンは引けない。しかし、素材として何年も布は扱ってきたので、こういう形はどの生地ならできるとか、この布ならこういうことができる、といった経験にもとづく知識はありました。

そこで、やはり〝布もの〟のデザインと製造をしようと考えました。その頃の私は、すでに〝自分を表現する〟ということには辟易としていました。〝自分〟はもううんざり、という感じだったので、〝形として〟こういうものが作りたいという願望はすでになく、システムや工程にこだわりたいと思っていました。とはいえ、形になるものがないと工程も生まれません。そこで、これってデザインか？　というくらいの最低限のデザインを考え、あとはお客様に考えてもらうフォーマットのようなものを作りました。

たとえば、四角いコースターのサンプルを作り、生地見本をたくさん用意して、食器屋さんなどをめぐり、オリジナルのコースターを作りますよ、と提案する。あるいはエプロンのサンプルと生地見本を持参して、丈やディテールの仕様はお客様に決めてもらって、お店のオリジナル商品を作る、というようなものでした。どちらもすごく簡単なことですよね。芸大を出ていなくてもできる（笑）。

製造方法と受注のスタイル

製造は、工場に発注するとロットができてしまい、小さなお店が気軽にＯＥＭ（納入先のオリジナルとしてメーカーが製品を作ること）を頼めなくなるので、母が洋裁師だったことも思い出して、母のような人を近所で探そう、と思いつきました。

受注のスタイルと製造の方法は、ほぼ同時に思いつきました。どうやったら小ロットでできるかな、お店さんに無理して大量に発注させて、あまらせて、ゴミになっては、お店さんも作った私たちも幸せではない。欲しい分を欲しいだけ作ることはどうやったら可能になるかをずっと考えていたら、母！　母にお願いできないかなあ？　いや、母は遠い（実家は熊本）、それなら近所に住んでいるおばあちゃんとかに縫ってもらえないかな～と漠然と思いつきました。

とにかく派遣の仕事を3年は続けると初めから決めていたので、準備期間はたっぷりありました。ときどき平日にお休みをもらっては、どこに働けそうなおばあちゃんがいるかをリサーチしたりしていました。また、その時点では自分が自転車でおばあちゃんの家をめぐって仕事を持って行ったり、ピックアップしたりするイメージだったので、自転車でうろうろするのが楽しいところがいいなあとか、手土産用にいい和菓子屋さんがあったほうがいいな、とか、のんきなことを考えていました。

結局、2年ほど経った頃に、当時住んでいた世田谷区から武蔵野市に引っ越しました。浪人時代に三鷹に住んでいたこともあり、なんとなく勝手のわかるなじみのある土地に戻りたかったのかもしれません。

おばあちゃんを募集する

引っ越し後、私がすぐに始めたのは、2年間の妄想を企画書に起こすこと。そしておばあちゃんを募集するため武蔵野市役所へ向かいました。

市役所へ向かったのは、学生時代に経験したいくつかのプロジェクトのおかげで、役所がじつは敷居の低いところであることを知っていたから。なんでも相談してみよう！　という感じで、名称は忘れてしまいましたが高齢者にまつわるいろいろなことをしている部署に、「高齢の方に働いてほしいのですが、どうしたらいいでしょうか？」と相談しました。すると、「元気な高齢者をお求めでしたら、シルバー人材センターに行ってください」とのこと。そこで、すぐに武蔵野市シルバー人材センターに赴き、企画書を見せて「縫製のできる方を募集してほしい」とお願いしました。

いざ、試運転開始！

〝伝家の宝刀〟の出番

シルバー人材センターに飛び込んだものの、いきなり私のような依頼をする人がいないのか、最初はすごく不審な目で見られました。しかし、そういうときは伝家の宝刀〝東京藝術大学〟の出番です（笑）。役所に対して、国立大学の印籠はすごく効果があるんです。誰も気づいていませんが、学生時代も役所ではずいぶんチヤホヤしてもらいましたから、印籠を出すタイミングは完璧です。国立大学とはいえ、芸大には変な人たくさんいるんですけどね。ともあれ、「なんだか真面目そうだから、募集してあげよう」という感じになりました。

じつはこのときに気がついたのですが、センターを通して募集すると、その後給与が発生するたびにセンターに何パーセントかの手数料を払うことになります。でも、長い目で見ると、請求はセンターからまとめてくるし、センターに支払えばおばあちゃんにはセンターから支払われるので、センターが会計事務を担ってくれているような感じで、いろいろなことが楽でした。

腕に覚えのあるおばあちゃんが集まった

そんなこんなで、センターを通じて「縫製の内職者を募集」という感じで募集をかけてもらったのですが、じつは武蔵野市シルバー人材センターにはすでに裁縫部なるものがあり、週に2日、数十名の登録者がひとつの会議室みたいなところに集まって、それぞれ趣味のものやバザー用の商品やらを縫っていたんです。そのこともあって、ほとんどは裁縫部の方々でしたが、ちょっとだけ外部の方も加わり、総数30名ほどの応募がすぐにありました。

週に1回裁縫部の方々が集まる場所に行き、完成品を受け取り、次の仕事を渡すという感じで、2007年の秋に試運転開始。まずはポーチや小さいバッグなどから始めました。

おばあちゃんたちとの試行錯誤の日々

難航した〝商品〟作り

ここからまず、おばあちゃんたちとの苦闘の日々が始まります。

人は年を取るにつれて若い頃に戻っていく、とはよく言いますが、たしかにおばあちゃんたちはまるで女子高生のようでした。今の高齢者の方々は、多くが女学生のときに職業訓練を受けています。みなさんそれを活かして趣味と実益を兼ねて洋裁を続けていらしたわけですが、いまや子育ても終わって久しく、孫すらすっかり大きくなり、孫の子守りの必要もない。定期的に集まって、おしゃべりしながら手を動かすことを楽しまれていた方たちでしたので、技術があってもお仕事をすることは難しかったのです。先に言っておくと、最初の半年で5人くらいに減りました(笑)。

最初に、みなさんに試し縫いとして小さなバッグを縫ってもらいました。その出来上がりを見てみると、思った以上に出来不出来がある。技術的なばらつきのほかにも、同じものを作っているのにいろいろ個性が出てくる。でもそのときの私は、ちゃんと商品として提供したいと考えていたので、個性があっては困る。

「こうしたほうがいいかと思って……」

「いやいや、指示通りにやってください!」

「やる時間がなくて……」

「じゃあ初めから引き受けないでください!」

といったやりとりを繰り返すうちに、私には無理だわ〜と次から次に辞めていってしまったのでした。

それでも私は、悲観的ではありませんでした。むしろ、わりと行ける! と手応えを感じていました。よし、このメンバーで始めてみよう!

モチベーションアップの工夫

私自身、年金も入ってきて、子どもにお金もかからず、しがらみもない世代の方が、仕事をしたい、仕事を続けたい、と思うモチベーションはなんだろうと疑問に思っていたので、とりあえず〝やればやるほどお給料が上がる〟という設定にしました。工場などでは製造数が増えるとひとつあたりの工賃が安くなったりしますが、おばあちゃんを見ていると、手間はほぼ変わらない。むしろ持ち帰る生地が増えたり、家の中でもスペースが必要になったりと面倒が増える。ちょっとあいている時間にできることをと思っていたのに、時間を作らなければならなくなる。さらには納期というプレッシャーが！　そこでスタート当初から、ある一定量の仕事をしてくれた方には〇パーセントの工賃アップ、などのオプションを設けていました。

おばあちゃんだったからできたこと

また、約5名と少人数ではありましたが、メンバーをまとめてくれるTさんというおばあちゃんがいて、「〇〇さんは目が悪いから、明るい生地を渡してあげて」など、センターのスタッフさんが気づかないようなことを伝えてくれたり、「山﨑さん、〇〇さんは気の小さい方だから、こういうふうにお話を進めると気楽にお仕事受けられるかも」とコミュニケーションについてもアドバイスをくれたりしました。彼女がいなかったら、とてもじゃないけど、女学生の集まりですので、私の手には負えませんでしたね（笑）。

たとえば、白10個、黒8個、グレー7個と作らなくちゃいけないものがあるとする。じゃあ、Aさんに白、Bさんに黒、Cさんにグレーと分けてはいけない。いや、いいんですよ、いいときは（笑）。でも、グレーをもらったCさんは「私の仕事が少ない」と思ったりする。「でも数を均等に分けて白が1枚混ざったら嫌じゃないですか？」と言うと、いいと言う。「違う色が混ざったらミシンの糸を替えるの大変じゃないですか？」と聞くと「気分転換になる」と言うんです。

普通の縫製工場では、こんな話はまず出ません。色を替えるなら、ある程度の数をくださいというのが普通です。だからそれまではある程度色ごとに数をまとめて持って行っていたのですが、そういうことならと試しに全然違う色も混ぜてみました。すると、「わあ、きれいな色！　私これ縫いたい！」と大喜び。えええ!?　そうなんですかー！　これは、もしかして、もしかして……と思いついたのが、「(個人の)お客様の好きな色で受注を受けてみたい」でした。おばあちゃんたちに、「そういうことをしてもいい？」と聞くと、「まったくかまわないよ」と言ってくれました。

上／初期におばあちゃんたちに縫ってもらっていたリネンのバッグとポシェット。
左／初期に使用していたタグ。現在、デザインは変わっていますが、縫製した人のサインを入れたり、無料修繕期間を設定してあったりという内容はまったく同じ。

ヤンマ産業、いざ、始動。

営業回りの日々

予定通り3年で派遣を辞めて、２００８年1月に個人事業主としてヤンマ産業を始めました。１年目はとにかく自分の気に入ったお店に飛び込みで営業に行き、「オリジナルで布雑貨を作りませんか?」と言って回っていました。作るものは何の変哲もないコースターやランチョンマット、ポーチやエコバッグ、そしてタワシ(!?)などなので、素材が大事でした。

生地は3年間の派遣時代にあいた時間でいろいろ取り寄せたりしてリサーチしていたので、生地見本が私の命。私の場合、営業となると娘を預けて出かけなければならないので、ひとまず熊本の実家に娘を預けて、熊本を皮切りに宮崎、長崎、福岡と、九州から営業を始めました。営業の内容は、初めはOEMとオリジナル商品の卸しと委託、の三本柱でした。

作る側としては、OEMと卸しならすぐにお金も入るし、安定しているような気がしていました。ところが、熊本のお店さんが「店側は卸しとなると慎重になる、絶対に売れるものを置きたいと考えるので冒険はしにくい。逆に山崎さんがこれを見せたいとか、こういうのもいけるんじゃないか? と思うものがあったら委託でチャレンジすることもできますよ」と提案してくれました。なるほど、そういう棲み分けをすると自分の中でも幅がもてていいかもな、と思うようになり、OEMのベースとなるものがオリジナル商品としてあり、それをアレンジする形でOEMを受けつつ、試作のようなものを委託で置いてもらうような形でスタートしました。また、お店さんから、すでにある商品の写真などを見せられて「こういうものが違う生地で欲しい」と言われたりすることもあり、そういうときは、アイデアやサンプルをいろいろ出し、なるべく希望に応えた商品を作っていました。

オリジナル商品のタグには、縫製したおばあちゃんの名前も入れました。タグの裏側に「sewn by ○○」と入っています。これは今も変わらず入っています。

初めてのウェブオーダー

金字塔雑誌からオファーが！

ヤンマ産業の屋号で始めて1年経たない頃に、ひとりのライターさんから連絡がありました。そのライターさんは、福岡の取引先に置いてあった当社のポーチを見て連絡をくれました。「タグにどなたかの名前が書いてあったので、お店の方に、これは何ですか？と聞いたら、『東京でやってるヤンマ産業というブランドがおばあちゃんたちに縫ってもらっていて、縫った人の名前が入っているんです』と教えてくれたのですが、どのような形でやってるのか取材させていただけませんか？」というオファーでした。雑誌は、なんと『暮しの手帖』(暮しの手帖社)。当時はひとりだけ週3で通っているアルバイトの子がいたのですが、「いきなり金字塔がきましたね」と言われました。

取材は滞りなく終わり、なんと6頁にもわたって取り上げていただけることに。本当に光栄なできごとでした。記事が掲載されたのは２００９年の3月号で、タイトルは「働くおばあちゃん」。初めての雑誌への登場でした。

この機を逃すな！

それが、開業から1年2か月目のこと。ライターさんからは、雑誌の性格上コマーシャル的なことはできないのだけれど、ホームページのアドレスは載せられますよ、と言われました。こんなに有名な雑誌に載るのだから、何かお客様につながれるように準備をせねばと思いました。

しかし、その頃はＯＥＭなど製造のことで手一杯でウェブやプロモーションについてはまったく手つかずの状態でしたし、オリジナル商品もそんなになく、取材依頼から雑誌の発売までの約2か月はまたたく間に過ぎてしまい、とにかくホームページのトップだけ作り、メールマガジンへの登録だけでもしてもらい、何か商品などの準備ができたらお知らせできるようにしようと考えました。なんとか準備を整えて、雑誌が発

ヤンマの記事が掲載された『暮しの手帖』(暮しの手帖社刊・第4世紀39号／2009年4-5月号)。

売されるとその月のうちに約800人の方が登録してくれました。そして、ひと月後くらいに「受注生産になりますが、商品の受注をいたします」とメルマガを出したところ、80人の方がオーダーしてくださいました。それが、初めてのウェブでの受注でした。

受注会をスタート

そして、雑誌に載ることをきっかけに、九州の取引先にも〝エプロンの受注会〟ができないかと申し出ようと考えました。

そのときに提案したのは、エプロンのサンプルを型違いでいくつか持っていき、いろんな生地のサンプルを持って、この型をこの生地で、さらには身幅を広くしたり、丈を伸ばしたりなどのカスタマイズも可能で、オーダーをお客様個人から受けるような受注会でした。おばあちゃんと働くことでこそ実現できるスタイルを試してみたくなったのです。

ちょうど雑誌の発売が3月末だったので、4月上旬までの春休み中に受注を受ければ、5月の母の日には間に合うんじゃないかと考えました。

とはいえ、初めての企画です。恐る恐る話をしてみたら、熊本の〝うつわ屋〟、宮崎の〝CONIFER《コニファー》〟、長崎の〝List:《リスト》〟という3つのお店さんが、面白そうね、と快く開催を受けてくださいました。

もちろん私も店頭に立つことを約束し、初の受注会が実現しました。このときには、初めてなので本当にいろいろなことが起きました。まあ、その後私が初めてじゃなくなっても、つねに初めてのお客様はいらっしゃるので、受注会のたびにいろんなことが起き続けましたけど(笑)。

Cさん夫妻との出会い

ふたりの裁断＆縫製のプロ

　ヤンマスタート当初に縫製を担当してくれていたのは、シルバー人材センターのおばあちゃんたちだけではありません。ヤンマの洋服作りに欠かせない存在になるCさん夫妻を、おばあちゃんのひとりが紹介してくれました。彼らとの出会いでヤンマの製造ラインはグッと強固になり、グッと広がることになりました。

　もともとはボタンホールをあけてくれるところを探していて、行き着いたのが国分寺市東恋ヶ窪にあるCさんの工房でした。

　おふたりはかつて、たくさんのスタッフがいる縫製工場を経営していて、出会った頃にはすでに工場は畳んでいたのですが、共に裁断と縫製を長年手がけてきたプロフェッショナルでした。その後本当にお世話になり、毎月何百着と縫ってもらうことになります。

　私が作った〝自分さえわかればいい〟くらいの、新聞紙で作ったようなボロボロの型紙を、初めて見せたプロの方がCさんご夫妻でした。「なんだこれは」と笑いながら、でも馬鹿にするようなところは一切なく、「わかったわかった、こういうことね！」と言いながら、これまたCさんしかわからないようなクセの強い字で型紙に私の指示をメモしていく(笑)。おおらかで前向き、彼らは口では「できねーよ」と言っても、実際にできなかったことはないというすごい夫婦です。

　ご主人は京都の生まれで、ほんのり関西弁が残っています。昔何かの話から「お前（＝私）のいいところはね、金払いがいいところだ！」と褒められたことがあります(笑)。本当に一事が万事こんな感じで、隣で「お父さん、もー、そういう言い方しないのー」と笑いながら注意しているのが奥さんでした。

　何が理由かは忘れてしまいましたが、彼らの前で大泣きしたこともありました。何だったかなあ……思い出せない。「私だって大変なんですよ～勝手なことばっかり言わないでください～（泣）」みたいなこと

左ページ写真／Cさんご夫妻。かつては10名ほどの従業員とともにオートクチュールの仕事を手がけていたプロフェッショナルのおふたりですが、現在は自宅の一角でできる範囲の仕事をされています。

を言って泣いていた記憶だけがあります（笑）。

いつも近くで応援してくれた人たち

本当に初期の頃からお仕事をお願いしているので、当初は6着とか、10着にも満たないようなオーダーもお願いしていました。それがどんどん増えていって、月に千着くらいお願いしていた時期もあったと思います。その頃は昔のつてを使ったり、仲間に声をかけたりして助っ人を集めて対応してくれていました。

そういう意味でも、外注先というよりは、私を一番近くで応援してくれている人たち、という感じでした。2年前にちょっと試しに外車を買ったのですが、「初めてのときは武蔵境から自転車で来てたよなー！　宅急便も使わないで、自分で材料運んできてさー！　それが、原チャリになって、車になって、とうとう外車になってるし！　がははは」と冷やかされました。まあ、外車に関しては縁がなかったのか、その後あっさり手放したのですが。

ヤンマ成長の立役者

最初は6着、それも3色を2着ずつ！　なんて超小ロットから始まったCさん夫妻へのオーダーですが、先にも書いたように、じわじわ、どんどん、増えていきました。のちには1型につき60着のオーダーが入り、20色展開などということにもなるのですが、それでもこちらもためらわずにお願いできるし、Cさんたちもびっくりしないという、ほかの縫製工場ではあり得ないことが起きていました。

質を保ちながら、オーダーが増えても確実に対応していく上で、おふたりは欠かせない存在でした。

ついにそのときが来た!?

しかし、おふたりもしだいに年を取り、引退を考えるようになったようで、5年ほど経ったあるときついに「来年辞めるから代わりを探して」と言われてしまいました。ただし、それは結果的には〝辞める辞める詐欺〟でした（笑。詳しくは46頁参照）。

その果てに、今もまだCさん夫妻は少量ですが縫ってくれています。じつに13年間。これまでにヤンマの服を買ってくれたことがある人ならわかると思うのですが、タグに“sewn by chika”と書いてあったら、そのchikaさんがこのおふたりのことです。

あなたと、私と、あの人でできること

やります！　できます！

初めの頃に一番大変だったのは、私自身がなんでも「やります！」、「できます！」と言ってしまうことでした。当時使っていた生地は、柄生地も縞柄、チェック柄、花柄といろいろあり、さらに厚みも透けるように薄いものからキャンバス地のように厚いものまでありました。柄合わせのことなど考えずにうっかり受注して、縞柄の柄を合わせるかどうかに悩んで時間を取ったり、厚い生地で細かいデザインのものを受けて思ったように機能しなくなってしまったり。とりあえずお客様の希望通りにはできても、機能的ではないので「返品承ります」のエクスキューズをつけて納品したこともありました。お店さんには、返金対応など迷惑をかけてしまいました。

そんな中でも、「新しいことをしているし、ヤンマの製造スタイルでの可能性を考えると、失敗もあるけど、チャレンジを優先させたほうがいいんじゃないか」と言ってくれたお店さんもいたりして、「できません」と言うのは簡単だけど、まだ今は受注数も少ないわけだし、やれるだけやってみようと思いました。

ヤンマ産業だからできることとは

おそらく、前もってプロダクション（製造）の勉強などをしていたら、そういう考え方は〝あとあと受注が多くなったときにできなくなるから排除〟していたかもしれません。しかしながら、当初はいろいろできていたんですよね。受注が少ないから（笑）。会社の規模によってできることがあり、また、利益になることとならないことがある。個人だからできること、大企業だからできることがある。その中でうちのように個人ではないけれど、少人数の目に見える人たちだけで作っているからできることは何か、を考えていきたいと思っていました。そこで、ヤンマ産業のホームページのトップには「あなたと、私と、あの人でできること」という言葉を載せていました。

〝ヤンマ産業〟という屋号の由来

ふたつあった候補

ヤンマ産業という屋号について、よく聞かれるます。ネジとか作ってそうですよね、とか、農機具の会社かと思いました、とか（笑）。〝ヤンマ〟は単純に山崎の〝山〟から取り、産業は、やはり〝アパレル産業〟の抱える問題と向き合って、アパレル産業で革命を起こそう！　勝手に産業革命だ！　と思ってつけました。大袈裟なようですが、初心を持ち続けることは大変なことなので、会社名につけておいてよかったと今も思っています。

じつは〝ヤンマ産業〟のほかにもうひとつ、〝3人組産業〟という候補がありました。ひとりで立ち上げるのに〝3人組〟は変なのですが、由来は大学生時代にさかのぼります。私が27歳で大学生になった1999年は大インターネットブーム（?）で、それまでは超アナログに筆や鉛筆で絵を描いたり、粘土で彫刻を作ったりしていたのに、大学に入った瞬間、パソコンを渡されて「はい、これからはこれで会話してください」ってな勢いで、手に持っていた道具を取り上げられた感じでした。先生も、美術の先生ではなく、理工系の先生です。私はただでさえ半端に年も取っていたし、頭もややかたくなりかけていて、インターネットってなんだよ、メール？　電話でいいじゃん、みたいに日々（本当に）涙を流しながらキーボードに向かっていました。そんな頃、HTMLでホームページを作らされたりする中で、ある講師が〝アルゴリズム〟の説明の中で「インターネットは3的思考から出てきた産物」だと教えてくれました。〝3〟は〝中立〟を意味するらしく、インターネットにより人が情報を共有したりできると、とにかくたくさんの人がつながれるようになるんだという話をしてくれました。

SNSが当たり前となっている今となっては普通のことですが、3人がつながると、バランスが生まれ、相乗効果も生まれる。そんなイメージが強く残っていたことからの〝3人組〟でした。

左ページ写真／受注会で使用している会津木綿（上）と松阪木綿（下）の生地見本。丈夫さと飽きのこないデザインを特徴とする木綿は、私にとって理想的な素材です。

長く使ったモノは、長く使ったコトになる

私にとってのよい洋服とは

世界中には、いろんな〝よい〟ものがあります。シンプルにデザインがよいもの、機能性がよいもの、ブランド力があり見栄えのよいもの、経済的でよいもの、長持ちしてよいもの、丈夫でよいもの、動きやすくてよいもの、などなど。

そんな中で、私は単純に〝長い間着られるもの〟がまずはよい洋服だと思っています。それはなぜかというと、私がもし、極限状態で3着しか服を持てないとしたら、きっと長く着ている服を選ぶと思うからです。加えて、長く着ていることは私に〝モノを大事にできる〟という自信をくれます。まあ、しかし、ものを長く持つということは、家の中にものが増えて行くということにもなりうるので、いいのか悪いのかわかりませんが（笑）。

話を戻すと、〝よい服＝長い間着られる〟ために大事な要素は〝素材がしっかりしている〟ことと、〝飽きのこないデザインである〟こと。だから、もともと野《の》良《ら》着《ぎ》の素材として長い歴史のある〝会津木綿〟との出会いや、素材自体はとてもフラジャイルだけどその生産の工程を考えると大事にせざるを得ない（そういう強さってありますよね）インドのカディ（手紡ぎ・手織りの平織木綿）との出会いは、本当にラッキーとしか言いようのないものでした。

ヤンマ産業では、極力装飾を省いてシンプルな洋服を作るようにしています。私は20代から30代前半までに充分に自分の表現というものと向き合ったので、もう、いろいろ出さなくてもいいんです（笑）。デコレーションやパターンが素晴らしいデザイナーはたくさんいますし、私ができることは〝ひとりひとりが必要としているお洋服〟を作ることだと思っています。

でも、人の表現を見るのは大好きです！　いつでもかわいい洋服やきれいな布を見ると大興奮します。私自身がその感動を味わい続けるために、ヤンマではひかえめに仕上げている部分もあるかもしれません。

K01 棒縞
K18 古代縞
P04 黒かつお
10.
NV

〝コトになるモノづくり〟をめざして

〝定番〟への憧れと諦め

ここまでを読まれた方は、私が、作るモノよりプロセスにこだわっていたように思われるかもしれません。でも実際には、もののデザインに興味がないわけではなく、私の中には〝定番〟という考え方への憧れが強くあって、10代、20代の頃は、ラルフローレンやパタゴニア、リーバイスなどのブランドも大好き、はたまた、マルタンマルジェラやアンドゥムルメステールなど、ハイブランドも好きでした。

昔から靴も大好きで、とくにイギリスの靴が好きでした。スニーカーにハマったこともありました。何もついていないTシャツも大好きでした。要するに、私の好きなものは私には作れない、作る必要もない、という諦めがあったんです。

それもあって、ファッションはやりたくないな、と早々に諦めていた感じでもありました。なので、洋服を作るのなら、私も着なくちゃいけないのか、というプレッシャーもじつは大きく、布の仕事はしたいけれど、洋服はなるべくやりたくないと思っていました（笑）。

最初に作った洋服

とはいえ、作ろうと思えば作り方はわかるので、〝3人組産業〟（37頁参照）的に考えると、誰かが「作りたい！」と言うなら「ガッテン承知の助！」と助けるのが私の役目です。自分で言うのもなんですが〝きれいな形〟や〝きれいなライン〟というものは知っているので、最大限に助けることができます。

だから、初めてエプロンの受注会をしたときに、OEMのためにはベースの形が必要だよなあ、と思い作っておいたサンプルの洋服3点も並べてみました。それは今も現役の〝丸首シャツ（小襟）〟と〝丸首シャツのチュニック〟と〝キュロット〟でした。

丸首シャツは、元からTシャツみたいに何にもついていない布帛《ふはく》（平織生地）のシャツが欲しいなあと、

左ページ写真／サイドに四角いポケットのついた「ヤンマの定番キュロット」は名前の通り初期からずっと作っているアイテム。当初はリネンでしたが（P.133-1です）、今では会津木綿でのオーダーも可能です（写真は「うてな縞」）。

それだけは自分で作りたいと思っていたので、ヤンマを始めたときにすぐに作りました。このシャツは今もマイナーチェンジもなく作り続けています。キュロットもそうです。自分で持っていたキュロットがあり、もっとこうなっていたらいいのに、という部分を修正して、今の形があります。こちらもマイナーチェンジなしで13年間現役です。

私は昔から片付けが下手で、ものもあちこちに置きっぱなしでした。雑というわけではないのですが、よく「ものを大事にしなさい！」と親から言われてきました。そんな中で、気に入った洋服があるとずっとそれを着ていて、ボロボロになって、穴があいても着ていました。

その場合、大事にしているというよりはただひたすら長いこと着ているだけのなのですが、ものを大事にしている気分でした。高校生のときから30代まで着たアランマヌカンのクレリックシャツ（身頃が柄生地、衿やカフスが白生地のシャツ）は衿がボロボロになって、20年経った頃にとうとう捨てましたが、今でもあの着倒したツルツルというかヌルヌルとしたコットンの感触を思い出して後悔しています。

〝事不思議〟の考え方

しかしながら、そのシャツとの思い出は、シャツそのものより、長いこと着たなあ、ボロボロになるまで着たなあ、という私自身の出来事の思い出でもありました。

南方熊楠《みなかたくまぐす》が真言宗の高僧・土宜法竜《どきほうりゅう》と交わした往復書簡に、熊楠が〝事不思議〟について語るくだりがあります。「物（もの）」と「心（こころ）」が重なるところに「事（こと）」が起きるという話で、「物」を表す円と「心」を表す円が一部で重なり、重なった部分を「事」とする図が添えられています。私はこの図と考え方が非常に気に入っていて、誰かの気持ちと重なって出来事になれるようなもの作り、〝コトになれるモノ〟作りができたらいいなあと思うのです。私がデザインについて考えるときのテーマはこれです。

長く大事にしてもらえたり、とにかくよく着る、とか、いつも着ています、とか言われると本当にうれしいです。なので、形としては〝飽きずに、家で着ていても楽で、外に着て出てもだらしなくなくて、女性らしさを失わないお洋服〟というのが理想です。

〝長く着られる〟子どものパンツ

子ども服のサイズアウト問題

〝長く着られる服〟といえば、ヤンマの唯一の子ども服、〝3年パンツ〟というズボンがあります。これもまた事務所が三鷹にあった頃からの製品なので、じつは2009年からあるロングセラーです。

このパンツは、名前の通り〝3年履けるパンツ〟です。子どもの服は、どうしてもすぐにサイズアウトしてしまうのが親共通の悩みです。まあ、私も人にあげたりもらったりしながらしのいではいましたが、なんとなくもったいない。また、プレゼントとしてあげたりもらったりしても、やっぱりすぐにサイズアウトして、着てるところ見られなかったな……見せられなかったな……なんてこともしばしば。

そんなわけで、そういうことが起きないように、長く着用できるパンツが作れないかな～と考えた末に生まれた商品でした。身幅、お尻まわりがたっぷり取ってあって、始めはダボっとしたパンツで、子どもの成長につれてハーフパンツになる、というものです。ウエストにはボタンの止め位置で長さを調節できるゴムが入っています。

長く着たからこその愛着と着心地

当初はヤンマで販売していたのですが、新会社のはらっぱ（67頁参照）を立ち上げてからは会津木綿の商品として、はらっぱで販売しています。S（新生児から2歳まで）、M（3歳から5歳まで）、L（6歳から8歳まで）の3サイズがあり、リレーしながら9年間履くことができます。はらっぱのウェブショップでは（毎月末の受注可能期間のみ注文ができます）、64種類の会津木綿から好きな柄を選んでオーダーできるようにしています。

自分自身も子どもを育てた経験から、小さい頃の思い出に何かを取っておきたくても、さすがに洋服は残しておいてもなあ……と思うところがあったのですが、3年着た愛着のあるものだったら残しておく価値

左ページ写真／3年パンツを1歳の男の子（Sサイズ）と5歳の女の子（Mサイズ）に履いてもらいました。ウエストのゴムの長さをボタンで調整することで、約3年履き続けられます。長ズボンがだんだん半ズボンになっていくことで、子どもの成長も感じられるしくみ。

があるかもしれません。じつは娘が私の友人（すなわち私と同年代）からお下がりをもらったことがあり、それも木綿のお洋服だったのですが、娘はそのくたびれた感じをすごく気に入っていて、結局破れるまで着たんですよね。

なんだか、そういう、身体が求める服を私も作れたらいいなあと思っています。

〝もの〟が〝コト〟になるまで

ひとつのものを長く使う間には、長く使ったという〝コト〟だけでなく、最後はパジャマにしたこと、子どもに譲ったこと、街で見知らぬおばあちゃんに褒められたこと、など、具体的な出来〝事〟も生まれていきます。そしてそうしたいくつもの出来事が付け加えられていって、しだいに〝もの〟が〝コト〟になっていく。そんなもの作りができたらなあ、いつまでも廃れないものを作りたいなあ、という気持ちがあります。

また、その考えを実現させることを助けてくれたのが、会津木綿でした。〝丈夫な木綿〟は扱いやすく、保存も楽です。何百年も前のものが博物館で見られるのが、その証。さらに最初の糊の効きが残ったかための生地が、繰り返し洗い、繰り返し着続けることでやわらかく、まさに〝身体が求める〟風合いに育っていくという特性も、私の理想にぴったりでした。

ものを大事に使う、長く使う、飽きずに使う、ということは、なぜか人間の自信につながります。それは良い悪いではなく、本能的な何か、誰の心にもある善意に基づく理由が何かしらあるのだと思います。そんな人の善意に応えられるものづくりができたら、最高だなと思っています。

一方で、ああ、かわいい！　こんなの欲しい！　というビビッドな感情も大事にしたいと思っているので、ふたつが矛盾するのかどうかはわかりませんが、善意と本能の赴くままに、自分を信じてもの作りをしています。

あ、当初は3年パンツと並んで3年スカートというアイテムもあったのですが、今はお休み中です。そろそろ復活させようかな（笑）。

Tさんの工房。現在はTさん含め13名の女性たちが仕事をしています。手前にあるのは最近導入された大型裁断機です。

縫製担当のTさん

じつは現在、ヤンマの縫製を担当してくれている人たちは、おばあちゃんたちではなくなっています。

スタートから5年ほど経った頃。当初70歳だったおばあちゃんは75歳、75歳だったおばあちゃんは80歳に。そして、ヤンマの仕事は年々増えていく。ありがたいことですが、おばあちゃんたちからは「そろそろ引退したい」、「プレッシャーがつらい」という話が出てきたのです。とくに、33頁で紹介したCさんご夫妻から「もう年だし、来年辞めたいから代わりを見つけて」と言われたときには、途方に暮れました。高齢の方々を追い詰めるのは本意ではないし、高齢とは関係なく、みなさんのストレスをなくすために人を探さねばと動き出しました。

「誰か縫製ができる人いないかなあ」と相談した友人から、「近くにいい人がいるよ」と紹介されたのがTさんでした。Tさんはシングルマザーで、近所の主婦の方たちを集めてゆるい組織を作り、エプロンや鞄の縫製の仕事をしていました。そうして女手ひとつで3人の子どもを育て上げた、まさにシングルマザーの鏡のような人です。

といっても、まったく押し付けがましさもないし、なんとも飄々とした感じと、なぜか信用できるなという安心感を併せもつ不思議なキャラクターで、その印象は出会った瞬間から今に至るまで何も変わっていません(笑)。普段はエプロンやバッグを縫っているけど、簡単なものならお洋服も縫えるかもしれないとのこと。私は「おばあちゃんが家のミシンで縫えるようなものをデザインしているし、生地も縫いにくい化繊やニットではないので、きっと大丈夫です!」と言って、少し

前列右からふたり目がTさん。みんなでTさんが最近立ち上げたオリジナルエプロンブランド「woof」（woof-apron.com）のエプロンをつけて。

ずつ仕事をお願いするようになりました。Tさんは、さらっとしているのですがすごく向上心があり、問題が起きても、必ず解決策を練ってくれます。勉強熱心で、「難しい」とは言っても「できない」は言わない。何かお願いすると、いつも持ち帰ってくれます。

　ちなみにCさんに「縫ってくる人を見つけましたよ！」と言うと、ちょっとしょんぼりして「本当にそんな、エプロンやカバン縫ってた人に洋服がきちんと縫えるかねえ」と心配そうな口ぶり。でも、Tさんが自らCさんのもとへ習いに行ってくれたりしたこともあり、のちには「まあ頑張ってるな」と認めたような様子でした。

　Cさんには「来年の3月頭の納品で最後」と言われていたので、3月以降は発注しないつもりでした。ところが最後の納品の3日後には「暇だ」と電話がかかってきました（笑）。それまでに約半年かけて、CさんとTさんで半々に仕事をしてもらうようにしたのですが、「このくらいの分量なら、続けてもいいな」と思ったようでした。

　結局、Cさんに振り回されただけのようにも見えますが、Cさんの「辞める！」がなければTさんは見つからなかったし、少量だけお願いしたい、くらいで話をしていたら、Tさんもここまで前のめりで洋服の仕事をやる気になってくれなかったかもしれません。Tさんにも、いきなりCさんがこなしてきた量を全部引き受けるのはハードだな、という気持ちもあったようで、結局はしばらく折半して担当してもらうことになりました。

　以来、徐々にTさんの比重を高めながらも、その状態はなんと8年も続きました。完全に辞める辞める詐欺です（笑）。でも、Cさん夫妻は最後まで月に200着くらいは作ってくれていて、今も少量ながら縫ってくれていて、本当に感謝感謝です。

Report

ヤンマの服があなたのもとに届くまで

ヤンマの服は、一部のギャラリーさんやイベントでは既製品を販売していただいていますが、受注会でお客様から直接ご注文をいただいてから生産し、お届けするというのが基本スタイル。1着の服がお客様のもとに届くまでのプロセスをご紹介します。

Step 1　受注会

受注会は、全国各地のギャラリーで年間40回ほど開催しています。展示されている洋服はすべてサンプルで、お客様には商品を選んだら、見本から好きな生地を選んでオーダーしていただきます（生地の種類が多いので、悩む方続出）。オーダー時は「裾を10センチ長く（短く）」など、その方の体型や好みに合わせたカスタマイズも承り、すべてオーダーシートに記入します。年に2回ほど、ヤンマのウェブサイトで〝ウェブ受注会〟も実施しています。

Step 2　製織

お客さまが会津木綿を選ばれた場合、受注後にまず行うのが、生地作り（ほかの生地はそれぞれの製造元に必要な生地を発注します）。注文に合わせてはらっぱに必要な生地を発注すると、工場で生地を織り始めます。会津木綿は糸染めから行う織物なので、糸の在庫がなければ糸染めから始めることも。基本単位である着尺地1反（約12メートル。着物1着分の分量です）を織り上げるには最短でも2週間、糸染めから始めた場合は2か月ほどかかります。

Step 3
縫製

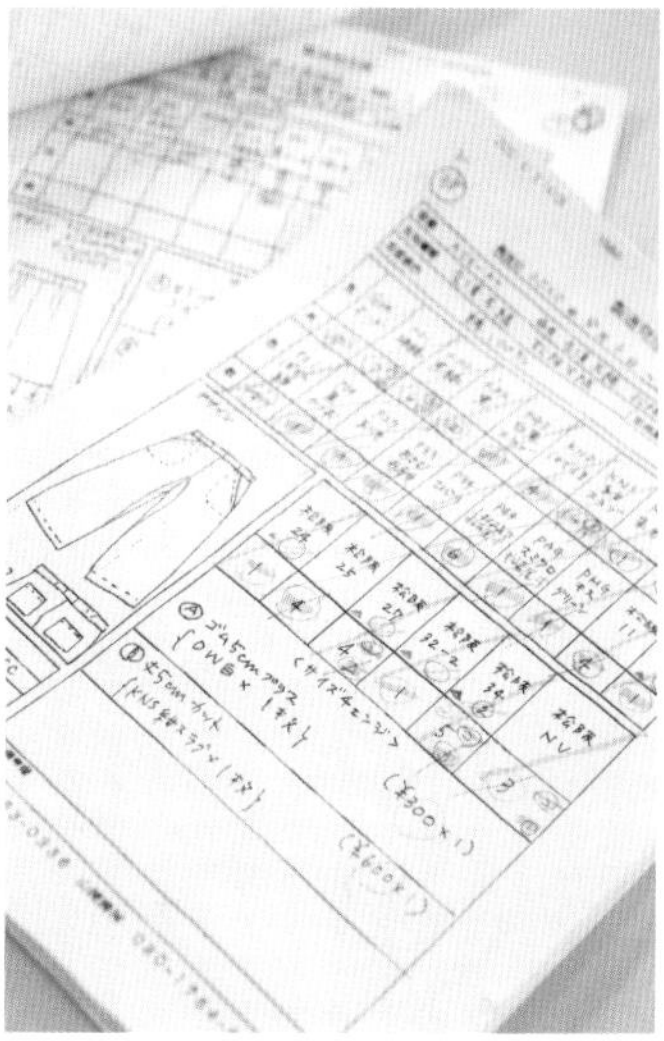

完成した生地は、裁断と縫製を担当してくれる方たちのもとへ。おばあちゃんたちに縫製をしていただいていた頃は、私が自分で裁断をしていましたが、現在では裁断と縫製を合わせてお願いできるようになり、本当に助かっています。

お客様のオーダーシートは、別途ファックスなどで縫製担当の方へ送り、情報を共有。同じ型でもお客様のご要望に合わせて少しずつ違う洋服が、丁寧に縫い上げられていきます。

Step 4
洗濯

縫い上がった洋服はヤンマの事務所へ届きます。が、じつはまだ未完成。最後にスタッフが家庭用洗濯機で洗濯するのです。布をあらかじめ縮ませるため（縫製段階では使用する生地の縮率をふまえたサイズになっています）なのですが、これによりお客様がお洗濯をしたときに縮むトラブルを避け、届いたらすぐにガンガン着て、ガンガン洗える1着になります。また、会津木綿は糊が落ち、凹凸のある独特な風合いに変わります。

Step 5
発送

洗濯後、しっかり乾いたら、スタッフが縫い目のほつれやボタンのゆるみがないかなど1着1着検品。合格したら、縫製してくれた方のお名前を記入したタグをつけ、ついに完成！ たたんで梱包し、いよいよお客さまのもとへ旅立ちます。オーダーをいただいてからここまでに要する時間は、現在は5か月ほど。つまり、オーダーが春なら到着は秋、冬なら初夏。そのため受注会では半年先の季節に合わせた洋服をご紹介しています。

Chapter 2

会津木綿を使うわけ

会津木綿との出会い

お客様からの提案

おばあちゃんたちに作ってもらうので、当初から、使用する生地はなるべく縫いやすく、丈夫な素材がいいなと思っていました。大事にしてもらえるように、高級とまでは言わないけれどオーガニックコットンや麻100パーセントなど、ちょっと貴重な綿や麻素材の布帛を選んでいました。

そうしてヤンマが受注会を始めて1年経った頃、千葉県船橋市のお店で初めての受注会をしていたところに現れたのが、Yさんでした。Yさんは東京の出版社に勤める『暮しの手帖』の愛読者でした。記事でヤンマのことを知り、ウェブ受注会で何度か買いものをしてくださっていて、そこで初めてお会いしました。

そのときに彼女が、「じつは私、福島県の会津若松市の出身なのですが、会津には会津木綿というすごくいい生地があるんです。ヤンマさんに何か作ってもらったらすごくいいなと思って！」と言って見せてくれたのが、自作の会津木綿のポーチでした。初めの印象は、なんだか素朴でかわいいな、という感じでした。

それまで和木綿の世界はまったく知らなかったのですが、何かいい素材はないかなといつも探してはいました。だから彼女に「もし興味があったら、会津若松に案内しますよ！」と言われ、そうですか!?　と、1か月後には彼女の帰省にホイホイついていくことに。それが2010年の春でした。

会津若松には当時5歳の娘も連れて行きました。駅前の赤べこと写真を撮ったりと、半分観光気分です。会津木綿の工場は2軒あり、Yさんはその2軒〝山田木綿織元〟と〝原山織物工場〟に連絡を入れてくださいました。私としてはまだ開業して2年目のペーペーではありますが、雑誌にも載り、受注会も何回かやり、お客様も徐々に増えてきたし、これからもっともっと頑張ろう！　いいもの作って紹介していくぞ！という時期でもあり、非常に鼻息荒く突撃しました。

原山織物工場では、当時の社長、原山公助さんが対

上／原山織物工場（現はらっぱ）外観。染め場からそびえる煙突がシンボルです。
下右／社屋も工場も木造。戦後、病院だった建物を移築したそうです。
下左／在庫中の会津木綿。

会津の郷土玩具、赤べこ。

応してくださいました。まずは積み上げられた会津木綿を目の当たりにして、本当に興奮しました。私はヤンマが今すごく順調に実績を積んでいることなどを話し、「これから会津木綿でお洋服が作りたいので、ぜひ使わせてください!!」とお願いしました。すると社長は、すごくあっさりと「いいですよ」と言ってくれました。でも、それはなんだか拍子抜けするくらいあっさりしたものでした。あとで話してわかることなのですが、じつはそのとき、社長には「またか」という思いがあったのです。

会津木綿が抱えていた〝問題〟

会津木綿という布は福島県指定の伝統工芸品で、日本でも希少な力織機《りきしょっき》（機械式の織機）を使って織った和木綿です。生地幅は反物幅（約38センチ）しかなく、素朴な風合いがほかにはない、味わい深い布です。

しかしながら、実情は安価な中国製の布などの台頭で廃れるいっぽう。かつては30軒以上あった織元も、もはや2軒しか残っていないという状態でした。産地の危機的状況を解決しようと、大手広告代理店が補助金をもらって企画を持ってきたり、いろんな自治体がらみの企画が送り込まれてきたりするものの、実際にはみんな〝会津木綿を使った商品〟を作った実績を作るだけ。名前は使われても、会津木綿が売れるわけではなく、業績も上がらず、社長は企画疲れしていたのです。だから、社長からは「ああ、また、東京からきた人が何かやって、去っていくんだな。徒労に終わらないように、うちで作っている布を売る分には構わないけど、それ以上は関与しないでおこう」という空気がバリバリ出ていました。

会津に行き、なんだか普通ではない雰囲気を感じ、「伝統工芸かあ」としみじみ考えました。厳密に言うと、世に言う〝伝統工芸〟とは国指定の伝統工芸品であり、会津木綿のように完全な手仕事ではないものは正しくは〝伝統産業〟です。しかしそれよりも、私にとって会津木綿は布であると同時に〝問題〟として見えてきました。学生時代に散々やらされたフィールドワークを思い出しました。社会にある問題を見つけ、それをテーマにコンセプトを組み立てて作品を作り上げて行く作業を思い出したのです。

会津木綿にとって、今後どうなっていくのが一番いいのだろうか……。

何をどうすればいいのだろう？

濃紺は、野良着に多く使われてきた地縞（伝統的な縞模様）の生地を織るときの定番色のひとつです。

会津木綿の現状

当時、会津木綿は会津若松のお土産品としての役目が第一にありました。お土産として買われるので、作られていたのはいわゆる〝ばらまき〟のための安価なぬいぐるみキーホルダーや小銭入れ、巾着、バッグなどの小物がほとんど。大きくても前掛けくらいでした。あとはちゃんちゃんこや作務衣など、〝和木綿〟だから、と選ばれたアイテムでした。普通のシャツなども多少はありましたが、とても若者向きという感じではありませんでした。

そもそも、会津木綿とは

もともと会津木綿の歴史は17世紀から始まり、多くは農家における農閑期の家内制手工業で作られていました。まずは自分、そして家族のための布を織り、のちに余剰品を売るところから商いが始まりますが、初めはとにかく自分たちのものを作ることが第一の目的でした。綿花の栽培も同時期に始まり、綿花栽培、綿繰り、糸紡ぎ、機織りと、すべてを家内で行っていました。だから、出来上がるものは当然農作業着（野良着）です。

当時の野良着はいわゆる仕事着であり、日常着と考えられます。ということは、日常着を作ることが本来の会津木綿のあり方なのではないかと考えました。当時の状況を記した文献を見ても、おもに作られていたのは着物ではなく、〝はかま〟や〝前垂れ〟などの野良着だったので、お洒落着というよりは普段着でした。

だから、ヤンマがそれまで作っていた〝日常着〟というコンセプトにもぴったりとはまりました。さらに、会津木綿の製造は日本における綿花栽培とともに始まったので、素材は名前の通り〝綿〟です。17世紀まで、日本では綿花栽培はほとんど行われておらず、繊維製品の素材は麻、絹、獣毛がほとんどでした。つまり会津木綿は、日本の綿織物の黎明期から始まり今に残るロングセラーなのです。

左ページ写真／糸干しが終わり、染め場に取り込んだ糸。糊でかためられ、パリッとした質感になっています。

風土に培われた会津木綿の機能性

またこの４００年の間に、会津盆地特有の冬は豪雪、夏は猛暑という気候の中で改良が重ねられてきた布でもあります。

農作業は泥だらけになるので、午前、午後と着替えるのが普通。それには、乾きは早いほうがいい。今のように布がたくさん織れるわけではないから、夏も冬も同じものを着る。となると、冬暖かく、夏は涼しいほうがいい。もちろん丈夫でなければならない。

こうした求めに応じるための工夫をする中で、とくに2番目の〝冬暖かく、夏は涼しい〟織物を作るために、会津木綿ならではの糸作りの方法が生まれました。それが、まず糸の段階で織りやすく丈夫にするために強く糊付けをする。そして、カセ状に束ねて干すことによって、糸を下に伸び切った状態にする、というもの。

その糸で織ることによって、織り上がった生地は糊が効いてパリッとしているのですが、洗うと糊が取れて糸が縮みます。その結果、布の表面はぽこぽこと波打ち、空気の層ができます。これが、冬暖かく、夏は風通しよく涼しい布の理由となるのです。

また、綿は繊維自体が中空構造なので、糸の太さのわりに軽く、丈夫。現在の会津木綿は、糸は16番手（綿糸の番手は重さが1ポンド［約４５３グラム］で長さ８４０ヤード［約７６８メートル］の糸を1番手として、１ポンドで１６８０ヤードなら2番手、と長く［細く］なるほど番手の数字が大きくなる）から40番双糸（40番手の糸の２本撚りなので実際の太さは20番手）を使っていますが、これは19世期後半に機械紡績技術が導入される以前に使われていた糸の太さが基準になっています。

日本で栽培される綿は繊維長が19ミリと短く、手紡ぎで細い糸にするのは難しい素材でした。そのため多くの木綿は10番手くらいの太い糸で織られるのが主流であり、明治期に入って機械紡績が普及し、綿製品の薄地軽量化が進んでも、地方では地厚な生地への嗜好は根強く、〝太物《ふともの》〟と呼ばれて好まれ、存続していました。その需要に応えて会津木綿は地道に伝統を守り続け、いわゆる西洋の布のように薄く軽い生地をめざすような方向には行きませんでした。そのことこそが、今もなお会津木綿が製造され続けている理由だと

思います。会津気質《かたぎ》の頑固さが、偶然にもその個性を守ったということなのかもしれません。

ステージが見えてきた

私も初めは「もっと薄い生地は作れないのですか?」とか「麻とかは使わないんですか?」とかトンチンカンなことをよく言っていました。が、〝分厚い(でも軽い)木綿生地〟であることこそが会津木綿の特徴なのだということがわかり出したことで、これは〝1年通して着られる形〟を作ったほうがいいな、とか、〝仕事場でも、家事をするときでもガンガン着てもらえるようなデザイン〟で〝形崩れが気にならないガンガン洗える服〟を作ろう、となっていきました。

シナリオは会津木綿、舞台(お店)は決まっている、役者(お客様)も見えている。監督は店主、となると、作るものは自ずと決まってきました。

左ページ写真
上／会津木綿で最初に注文をとったのが、この写真の６種類の生地でした。
下／最初に注文をとった生地のひとつであり、会津木綿の定番柄でもある“かつお縞”のダボ袖ジャケット。

会津木綿のお洋服、デビュー

心配だったこと

２０１０年の春から、会津木綿の扱いが始まりました。とはいえ、じつは最初はちょっと腰が引けていました。というのも、当時のトレンドは〝白・黒・グレー〟などのモノトーンと〝紺・ベージュ〟などのベーシックカラーが主流だったから。会津木綿のカラフルな世界はお客様の眼にどう映るのか不安だったのです。

また、スラブ糸（太さが不均一な糸）で昔の風合いを再現した少しごわっとした質感も、受け入れてもらえるかなあとちょっとだけ心配でした。

でもそれは、すぐに杞憂に終わりました。最初は〝棒縞《ぼうじま》〟という紺をベースにした縞柄、そしてカツオの腹と似ているため〝かつお縞〟と呼ばれる青3本縞という伝統柄2種類と、無地のカラシ、グリーン、ブルー、紺、で注文を取り始めました。すると、もう何年も続いていたモノトーンブームにみんながやや飽きた頃だったのか、もともとほんの一部でのブームだったのか、お客様の反応はよく、たくさんのお客様が〝初めて見る和木綿〟の会津木綿を選んで買ってくださいました。

使ってもらえば、わかる、伝わる

そして、一度使ってみると、色落ちもなくガンガン洗濯できてどんどんやわらかくなじんでいく、その扱いやすさ。はたまた長く使っていると「本当に冬暖かくて夏は涼しい！　1年通して着られる！」という驚き。こうしたことが魅力となって、アパレル業界では異例の同じ型で色違いをつぎつぎと買い足すお客様がどんどん増えていきました。

1年も経たないうちに、会津木綿はヤンマの受注の半分近くを占める人気商品になりました。原山さんも「すごいですねえ」と言って、とにかく会津木綿のお洋服がたくさんの若い人にも着てもらえて、売れていっていることを喜んでくれていました。

さらには、会津木綿のお洋服をお客様が着ている

と、お母さんやおばあちゃん世代にまで、「なんか懐かしい感じだね。いいの着ているじゃない、どこの？」と言ってもらえるらしく、「おばあちゃんの分も発注します」とか、受注会に親子はたまた親子孫の3代できてくださる光景も見られました。ヤンマとしては、会津木綿のおかげで多くのお客様に愛着を持っていただくことができ、本当に夢のような出会いでした。

左ページ写真／原山織物工場の建物は木造でガラスも多く使われていますが、幸いにも建物はもとより織機や糸を処理する機械類にも、震災による被害はありませんでした。

東日本大震災が起こった

あの日のこと

そうして、1年が経った頃に、東日本大震災が起きました。

ヤンマは当時、吉祥寺の駅から数分のところに事務所がありました。7階建ての7階、眼下には井の頭公園、遠くには富士山が見えるとても見晴らしのいい事務所でした。しかし、地震のときは、たいそう揺れました。そのわずか3週間前にニュージーランドで起きたカンタベリー地震で、タイミング悪く多くの日本人留学生が犠牲になり、その報道をしつこくテレビで見ていたため、大揺れの中、こうやって彼らは死んでいったのだろうか、死にたくない！　私は絶対死にたくない！　と、あの数分間は大袈裟でなく本当にそればかり思っていました。

揺れは止んで、これはなんなのか、と調べようにも、インターネットの情報は東北で地震発生、のみで詳しいことはしばらくわかりませんでした。その日は、おばあちゃんのひとりが事務所に来てくれていて、もともと4時までいる予定でしたが、「ちょっと早いですがもう帰っていいですよ、家もどうなってるかわからないし」と言って帰ってもらいました。

私はその日、夕方7時から渋谷で人に会う予定があったので、6時に事務所を出ようと思っていました。ところが、事務所を出てびっくり。エレベーターが動いていない。廊下側から街のほうを見ると、駅に向かう井の頭通りにすごい人の列。あわてて階段を降り、目の前の人に尋ねると「電車は動いていない」とのこと。それではと携帯電話で会う予定の人に連絡しようとすると、電話は使えない。

あとで気がついたのですが、私は自分でも驚くほど正常性バイアスの強い人間だったのです。数分間「死にたくない！」とまで思ったのに、揺れが収まった途端に普通の生活をしようとしていたのでした。娘のお迎えをお願いしていたベビーシッターさんにも、保育園にも電話はつながらない。あわてて近所の自宅に帰

り、テレビをつけて、そこで初めて何が起きたかを知りました。

そのとき眼にしたのは、バキバキに壊れた家が、ただの材木となって海に流されている映像でした。福島にも、しばらく連絡はつきませんでした。数日後にやっと連絡が取れ、原山織物工場は、染色用の水のタンクが倒壊しただけで、建物は窓ガラス1枚割れていないということでした。さすが、〝磐梯山〟の磐は磐石の磐！　会津はほとんど無傷のようでした。しかし、東日本大震災の被害は、想像を上回る甚大なものでした。震災後に起きた原発事故のせいで、自然災害とはまた違う被害もどんどん拡大していったことは、みなさんご存知の通りです。

その後の会津木綿

そんな中、テレビでは２０１３年の大河ドラマに会津若松を舞台とする『八重の桜』が決まり、全国のデパートでは東北復興イベントが開催されました。東北復興イベントは長いこと続き、今でも続いています。

その間にも、私はたびたび原山さんの工場にうかがっていました。震災前は、行くと広さ20畳はある畳敷きの事務所に、反物が山積みになっていて、奥が見えないほど在庫があったのですが、震災以降は床が見えるほど、すっからかんになっていました。

　福島の中でも被害の少なかった会津には、福島復興イベントの仕事がどんどん来ていました。社長もご家族もとても忙しそうでした。「人は増やさないんですか？」と聞くと、「こういうブームは今までも何度かあったんです。必ず落ち着きますから、人を雇っても減らすのは難しいので、もうすぐ終わるし、自分たちで頑張ります」と社長は言っていました。

何かがおかしい

　でも、なんだろう、売れているのに、豊かになっている感じはしない。工場も事務所も天井が高く、エアコンもなく、夏は熱中症で倒れる工員もいたほどでした。下世話な話になりますが、意を決して「儲かっていますか？」と軽く聞いてみました。すると、「売れば売るだけ赤字です」と返ってきました。どういうことかというと、安価な中国製品との価格競争や、地元のお土産屋さんからの希望などもあり、会津木綿は底値で取引されているというのです。

「一度下げたら値上げはできないし……」。値上げは、２０２１年の今なら事情を話せばお客様に理解してもらえるし、消費税が上がったことにより珍しいことでもなくなっています。しかしながら、たかだか8年くらい前は、あり得ないことだったのです。

　ほとんど家族や身内だけでさばける量を作っているうちは、住む家はあるし、食べれればいいかとなるかもしれませんが、量が増えると人を雇わなくてはなりません。人件費がかかり出すと、赤字になってしまうのです。小規模経営や家族経営の難しいところです。先が見えないから、もうすぐ終わるから、と社長は自分の休みを削って仕事をしているようでした。

「価格は一度下げたら上げられない」。ビジネス初心者の私には、その響きは揺るぎないものに聞こえました。他人があーだこーだ言ってみても、当事者が無理と言うのだから、無理なのかもしれない、はたまた、私も商品を譲ってもらっている身なので、違和感を感じつつも手放しに「値上げしていいですよ！」とは言えませんでした。

新たな挑戦の始まり

新事務所とアメリカ行き

私はその頃、東京都練馬区の今の場所に土地を見つけ、ヤンマの事務所を建てていました。２０１３年のことです。土地を見つけて、購入、着工。完成まで1年以上かかりました。

ヤンマの洋服は一番初めから〝洗濯までして出荷〟というスタイルをとっていました。洗濯することで、傷や欠陥もすぐに見つかるからです。また、ひとつの形をそれぞれに〝縮率〟の違ういろんな生地で作ることもあり、洗って縮ませたあとで出荷するほうが、お客様も「自分で洗ったら縮んだ！」とならずにすみます。とくに会津木綿を扱い出してからは「慣れない生地だから洗うのが怖い」という不安や、「ツルッとしていたのに、洗ったらシワシワになった」という衝撃などを避けるのにも有効でした。届いたときからシワシワなので、お客様にはすぐに普段着としてガンガン着ていただけます。

ただ、この〝家庭のように普通に洗濯する〟作業は、なかなか外注できず、ヤンマの事務所でのメインの仕事はほとんどが洗濯となっています。それもあり、もっと干し場を広く持てる場所を作りたいと考えていました。そこで、開業して5年目でしたが、事務所を作ることにしました。２０１３年の春に着工し、夏くらいには全貌が見えてきました。これはいい空間になる！　と確信しました。それと同時に、アメリカに行きたい、と思い始めたのです。

行きたい理由

普通に聞いたら、すごい飛躍ですよね。もともと、高校生くらいからずっとアメリカに行きたいという気持ちがありました。でも20代は貧乏だし学生だし、30代は子どもができて働かなきゃで、すっかり諦めていたのです。ところが一方では、娘が生まれたことで「いつかこの子には留学させよう」と勝手に考えてもいました。

そんなことを飲み屋でたまたま隣にいた知らない人に話したら、「一緒に行けばいいじゃないですか？　自営業なんですよね？」と言われました。また、「お母さんが行きたいからって、本人が行きたいわけじゃないし、娘さんは寂しいと思うんじゃないですか？」とも言われ、確かに、本人が行きたくないのに無理やり留学させられたら寂しいし、グレちゃうかな……一緒に行くか〜、それってどういうことかな〜と、それ以来、ふつふつと頭の片隅で考えていました。

　そんな最中に、目の前に、事務所のすごくいい空間が立ち上がってきて、ここならスタッフも快適に仕事ができるだろうな！　私がいなくなっても、寂しくないかもしれない！　と思い立ちました。それまではマンションの一室でやっていたので、そこにスタッフを閉じ込めて「じゃあ、やっといて」というわけにはいかなかったと思います。

　すぐに、その当時うちに来てまだ1年くらいしか経っていないかったKちゃんに「アメリカ行きたいんだけど、行っていいかな？」と聞きました。Kちゃんはなんというか動じない人で、私にとってもヤンマにとっても、いろんなことを可能にしてくれた、とても大きい存在でした。そのKちゃんに、「ナナさんが行きたいってことは、行くってことですよね？　だったら、ナナさんの分の仕事ができる人を雇ってください」と言われました。それで、当時はKちゃん、Aちゃんとふたりのアルバイトと私とで仕事を回していたのですが、2014年の春から、MとEを雇い入れ、それを機に個人事業主〝ヤンマ産業〟から〝ヤンマ産業株式会社〟に変えました。

会津木綿をアメリカに！

　そして、これと並行して、会津木綿をアメリカで成功させて逆輸入的に値段を上げるようなことはできないだろうか、と考えるようになりました。会津木綿を輸出しようと考えたのです。日本での価格が上げられなかったとしても、海外で売る値段は上げることができます。もちろん値上げ分は織物工場に還元。そう考えてプランを立てました。原山さんにも、「原山さんは今まで通り、同じように会津木綿を織ってくだされぱいいので、とにかく海外で売ってみてもいいですか？」と話をしました。すると原山さんは、「ぜひやってみたいです！　とにかくヤンマさんにちゃんと生地

上／事務所内部の様子。天窓から一日中日射しが入る（そのため夏は暑い。笑）、開放的な空間です。
下右／庭にはウッドデッキを作り、念願の物干しスペースに！
下左／事務所外観。丸みを帯びた屋根の形にこだわりました。剪定したての桂の木がちょっと寂しい……すぐ伸びるんですけどね（笑）。

を卸します！」と言ってくれました。

そこからは、アメリカビザの取得のために邁進しました。日本人は日本に住んでいるかぎりは、ビザのことなど一生知らずに生きていくと思うのですが、私もそうで、アメリカのビザの取得がどれほど大変かは、そのときはまったく知りませんでした。

2014年の間は、アメリカ法人を作るために何度もアメリカに行きました。日本にいてもアメリカ法人を作ることはできるのですが、ビザを取得するには事務所が必要なので不動産屋へ行ったり、サポートしてくれる弁護士に会うために行ったり、何度か行き来しました。また、私が希望した種類のビザ取得のためには前もって投資が必要だったので、仮のビジネスビザで渡米して店舗を構えたりと、いろいろとお金もかけました。そうこうして、目的のビザが降りるまでには約2年かかりました。

突然の出来事

原山社長と最後に会津で会ったのは、2013年の秋でした。2014年12月23日。大阪の取引先にいたときです。会社から電話がありました。Kちゃんが、「今、原山さんに電話をしたら、原山さんが亡くなったっていうんです。どういうことなんでしょうか?」と言うのです。そんなはずはない、この前も電話で話したし。具合が悪いなんて聞いてない。納品だってきっちりしてくれている。原山さんはとても律儀な人で、通常2〜3か月に一度まとめて発注すると、だいたい2か月後に納品というスケジュールだったのですが、それまでの間にも来週はこのくらい、再来週にはこのくらい、最終的にはここで完納、という具合に前もってスケジュールを連絡してくれていました。

そんなこともあり、つい2週間くらい前にスケジュールの話をしたのに何が起きたんだと、すぐに工場に電話をすると、亡くなったのは事実でした。電話に出られたお姉さんに、「お葬式に行ってもいいですか?」と聞いたのですが、急なことなので来ないでほしいと言われ、それ以上は何も聞けませんでした。

実際は、鬱を患っていたらしく、自殺でした。一緒に働いてきた人に、一瞬でもなんの希望も見えない時間があったのかと思うと、自分は何をしていたのだろうかと、しばらくは思い出しては胸が締め付けられる日々でした。

織元をなんとか残したい！

残された家族の気持ち

呆然としたまま年を越し、ヤンマの２０１５年が始まりました。そして間もなく、社長の急逝からまだ3週間も経たないというのに、「廃業します」と連絡が来ました。

年末から時折、会津の人に連絡をして、どんな状況か、事業再開はできるのか、など聞き込みはしていて、あまり希望が見えない状態だというのは聞いていました。社長は亡くなったとき44歳の独身で、子どもはおらず、残されたのは年の離れたお姉さんと、高齢のお母さんや叔父さんたちでした。

3月までに納品される予定の生地があったのですが、どうなっているかを直接聞くこともできず、わからないまま取引店には事情をメールして、また経過がわかりしだい報告します、と伝えていました。自殺だったこともあり、お葬式にも行けず、せめて四十九日を待とうと日々を過ごしていたのですが、これではダメだと思い、すぐに工場に行くことにしました。1月17日だったと思います。私が来るということで、憔悴したお姉さんとお母さんではちゃんと話ができないかもしれないと、地元の土木会社の会長である叔父さんを呼んでくれていました。すでに工場を取り壊す準備もしている、という前情報も入ってきていました。

80歳を過ぎたお母さんが、おいしいお茶をいれてくれました。しょんぼりとして口数の少ないお姉さんにくらべ、お母さんは気丈に見えました。話の内容は、「すでに廃業準備が進んでいる」、「年寄りしかいないし、ちょうど借金もなくなったところだから、ここで会社をたたむ」、「伝統産業だから残してほしいと言う声も聞いているが、だからといって何か支援があるわけでもないし、やはりもう無理」、「伝統、伝統、って励まされて今まで続けてきたけどもう限界」というようなものでした。

2時間話を聞いて、「せめて工場を取り壊すのは待ってもらえませんか？」とだけ言って去ろうとしたのですが、お母さんが思いのほか気丈だったので、「もし、家族ではない誰かでこの工場を継ぎたいという人がいたらやらせますか？」と聞いてみました。するとお母さんは、「誰かやってくれる人がいたらね」と言いました。そしてその瞬間、お母さんの目がきらっとしました。

残せるかもしれない！

お母さんは残したいんだ！　と、私はすぐに思いました。私はその足で福島県立博物館のKさんに会いに行きました。芸大時代の会津若松出身の友だちが、何か助けてくれるかもしれない、と紹介してくれていたのです。

私は会津木綿の工場を残したいけれど、事業を引き継いでくれる人はまだいない。でも、建物や機械がなくなってしまったら再開は本当に不可能になってしまうので、どうにか建物だけでも残したい、とりあえず取り壊すのだけは止めたいのですが、なんとかできないでしょうか？　と相談しました。Kさんは早速、ご自身の一存で、原山織物工場の歴史的建造物としてのリサーチをするために、取り壊しの際は博物館に承諾を得るように、というような手紙を書いてくださいました。Kさんは東日本大震災のときに、いろいろな手続きを踏んだりしている間に廃業になってしまった会社や工場があることを、とても後悔されていました。そのこともあって、「スピードが大事なときもある、法律的には何も効力はないかもしれないけど、ご家族の心情に響くことがあるかもしれない」と、私に手紙を託してくれました。

私は翌週、その手紙を持ってまた工場に行きました。引き継いでくれる人はまだ見つからないけど、とにかく工場は取り壊さないでほしい、そんな話をしていました。その中で、ふと、「もしも、もしもですよ、私が引き継ぎたいと言っても、許されるのでしょうか？」と、それまで一度も考えてもみなかったことが口をついて出ました。

私は会津という土地柄、会津木綿の工場は会津出身の人がやるべきだと思い込んでいました。ところが、私の言葉を聞いた叔父さんは、「すでにヤンマさんのことは調べてある。うちの生地の半分を使ってくれていて、使う量も年々増えている。あなたには会津木綿の未来が見えているんじゃないかと思うから、あなた

昔ながらの建物も機械も、一度なくなってしまったら復活させることができなくなってしまうものでした。

がやってくれるのが一番安心できる」と言ってくださいました。さらに「うちの息子（前社長の従兄弟）は今うちの土木会社の社長をしているんだが、会津木綿の存続のために何かしたいと言っているから、会ってみてくれないか？　できたらふたりでやってほしい」と言われました。

その日は会津木綿を私に紹介してくれたYさんも一緒でした。すぐに社長と連絡を取り、たまたま一緒にいた奥様も一緒に駅近くの軽食屋で一緒にお昼を食べました。緊迫した状況の中、ドリアが喉を通らなかったことを今でも覚えています。風邪をひいても熱があってもカツカレーが食べられる私としては、異常事態でした。

織元の共同代表に

そのとき会ったのが、現在、株式会社はらっぱの共同代表である小野太成さんでした。ひと目見たときに、いい人だとわかりました。実際、信用できる人でした。小野さんに会うまでは、友だちとですら一緒に会社を起こしたいと思ったことがないのに、知らない人と会社なんて起こせるのだろうか、と懐疑的だったのですが、その疑念が一瞬で吹き飛びました。「この人がいればうまく行く！」と、初めて直感で人を深く信じたような気がします。

そこからひと月半後には、土木会社の社長とアパレル会社の社長（一応）の共同代表で、１２０年の伝統のある織物工場を引き継ぐために〝株式会社はらっぱ〟を立ち上げました。1か月半というのは、ちょうど、原山織物工場で働いていた職人さんたちの失業保険が切れるタイムリミットでもありました。どうしても彼らに戻ってきてもらわなければ、工場が動かせないことはわかっていたので、なんとかしてその期限である3月15日に間に合わせたかったのです。

ヤンマ産業のスタッフ、通称"ヤンマっ子"は現在4名。いい縁に恵まれているなあと感謝している心強いチームです。

ヤンマっ子

ヤンマといえば、ヤンマっ子です。インスタグラムを始めるときアカウントをyammakkoとしたので(その前からかもしれませんが)、取引先さんはヤンマのスタッフを〝ヤンマっ子〟と呼んでいます。

2019年までは、受注会開催となると全国約40か所にヤンマっ子が向かっていました。気立てのよさは天下一品で、ヤンマっ子はすごいよねえ、とたくさんの取引先さんが褒めてくれます。私が2015年からアメリカに移住したあとも、別段トラブルはありませんでした。昨年8年半勤めてくれたKちゃんが寿退社し、今はセールス担当のE、事務担当のM、A、そして誰より長いアルバイトのRさんの4名で回しています。Kは辞めてしまいましたが、この本のモデルを務めるために隠居中の九州から出て来てくれたりしたので、今回まではヤンマっ子のメンバーとして書かせてもらいますね。なんだか、Kちゃん卒業記念号みたいになっちゃいそうですが(涙&笑)。

ヤンマっ子のここがすごい

① いい人

いい人ってなんだよ、と言われそうですが、私の中で〝いい人〟の定義は決まっていて、〝他人のために労力を惜しまない人〟です。とにかく働きぶりにケチ臭さがない(笑)。きっと取引先でも「何かすることありませんか?」とか「あ、私やりますよ」とか言っているはず。

② 接客が丁寧

当然、接客もすごいのですが、丁寧にいろいろ説明しています。ヤンマは取引先さんも素晴らしくて、お客様が前回何を買ったかなどをよく覚えてい

それぞれのお気に入りワードローブ（詳しくはP.138で！）を身に着けて、全員集合。

るんです。なので、お客様ともすごくよくしゃべります。お客様が5点欲しいのがあるけど、せめて2、3点に絞りたいとなると、みんなで真剣に悩みます。それでも、お客様が殺到してぞんざいな対応をしてしまうことも。最後に「決まりましたか？　何にされたんですか？」と確認したとき知らないうちにお会計が済んでいたりすると、ちょっと胸を痛めたりしています。

③美意識が高い

ヤンマっ子たちは、あらゆることに自分の美意識を持っています。接客でも、お洗濯でも、はたまたお弁当の時間も、仕草も態度も美しいです。ダラダラしているのを見たことがない。多分ダラダラしているのは私だけ（笑）。お弁当もすごいんですよーーー！　みんな朝からそんな時間よくあるなーと感心しきり。事務所にいるときは、必ずみんなのお弁当を見ます（笑）。そして、時々私にも作って来てくれたり……最近ないなあ（催促、笑）。

④食いしん坊

③の続きのようですが。とにかく美味しいものに目がなく、またその喜びをシェアすべく、出張の多いメンバーは仲間へのお土産探しに余念がありません。かくいう私も、美味しいものを見つけたら、なるだけみんなに食べさせたいと思っています。リアクションがいいですから（笑）。しかしながら、インスタグラムが食レポの嵐になっていた時期もあり、海外のお客様にインスタグラムを聞かれて教えたのに、「これは何？　ヤンマのアカウントはないの？」と言われたことも（笑）。

⑤山﨑に厳しい（笑）

いやもう、それでいいんです（笑）。言われたことだけやっている人たちではないので、当然「ナナさんもちゃんとしてください」となります。で、「はい」と言うのが気持ちよし（笑）。本当に頼りになるメンバーです!!

Chapter 3
百年先をめざして

〝はらっぱ〟という会社

共同代表の役割

簡単に言うと、社長と私（副社長）はハード担当とソフト担当。得意なことも考え方もまったく違うので、対立し合うというよりは、そういう考え方もあるのか、といつも新鮮でした。

それまで私の中での土木会社の社長というイメージは、なんだか仕事のスケールも大きいし偉い人、という感じでした。しかし実際は、土木工事というのは、たとえば、商店街で下水道の工事をしようとした場合、商店街の全世帯に工事の説明をして許可を得なければなりません。承諾を得るまでじっくり話し合う必要がありますし、ましてや怒らせてはいけません。みんなの言い分を聞くのが、まず最初にある仕事なのです。まあ、そうは言っても世の中には勝手に強行して、反対運動が起きている土木工事もたくさんあると思いますが、小野社長はそういう人ではありません。会津でも人格者としてとても有名な人でした。

こんなことを書いていると「やめてくれよ〜」と言われそうですが、実際一緒に5年働いてきて、人の感情や発言を雑に扱っているのを見たことは一度もありません。私は、愚痴を言う社員に「何しょうもないことを言ってるんだ!?」と思うこともあるのですが、社長は「わかった、じゃあ、ここは僕が話を聞く。僕に任せてくれる？」と言って、彼らの話を聞いてくれます。なんだか男と女が入れ替わったようです（男性に失礼？ 笑）。私はそういうやさしくて気の長い人たちに守られているところがあります。まわりは大体そんな人ばかりです（笑）。

再開に向けての準備

会社を起こして一番初めにやったことは、掃除です。とても大変でした。そして、並行して、会津木綿の作り方のリサーチを進めました。前社長がひとりで糸染めを最初から最後までしていたので、糸の染め方がわからないのです。工場にある材料の在庫と伝票を見ながら、必要な材料を調べ、また、染色工場の連絡先を見つけては「外注したことがあるのかもしれない！　工程を知っているかも！」と連絡してみたりしました。そこで「会津木綿はすごい糊をつけるでしょ？　でんぷん糊。あと糸を伸ばす機械もあるはずだよ」といった情報を得ることができました。

ただ糸を染めるだけでは、さらっとした生地が織り上がってしまう、会津木綿は洗うとグッと縮まなきゃダメ、そのためには染めた糸を仕上げる際に糸を強く引っぱって糊付けする必要がある、ということを知ったのです。その時点で、会津木綿を扱って5年くらい経っていたのですが、全然知りませんでした。

しかし織物はド素人の私と社長。理屈はわかっても、もちろん糸は染められません。織物の織り方もわかりません。そこで、まず、ふたりの経験者を雇うことにしました。ひとりは京都の糸屋さんで働いていたIさん、もうひとりは山形で手織りの仕事をしていたMちゃんでした。ふたりはいろんな偶然が重なり、会津で働くことを決めてくれました。Iさんを全体のマネージャーに、Mちゃんを織物工場側のマネージャーにしました。このふたりがいなかったら、あんな早さで再び会津木綿が織れることはなかったと思います。

ひとまず、糸の染色は埼玉の染色工場に外注することにしました。その工場を営む当時74歳の老夫婦が、以前原山織物工場で染めきれないことがあったときにお願いされていた経験があり、快く引き受けてくださいました。とはいえ74歳です。こちらも後継者はいません。でもとにかく、始めよう！　織機を動かさねば！　と、彼らにお願いすることにしました。そして、次は、柄の再現です。Mちゃんと、整経（経糸《たていと》を組む）担当の職人さんが相談をしながら、定番縞柄を再現していきました。

試行錯誤から生まれたもの

スタートしてしばらくは染色ができないため、在庫がある糸でできる柄を考えたりもしました。そんな中で生まれ、今も残っているのは〝すいか縞〟と呼ばれる、名前の通りスイカのような緑と墨黒の縞柄の生地です。ほかにも〝あけび縞〟や〝藤縞〟があります。

また、緯糸《よこいと》もはんぱながらも在庫があったので、緯糸が1反の途中で終わってもいいように、緯糸の管《くだ》（ボビン）に巻き切った分で色を変えていく（ボビン1

はらっぱで新たに開発した縞柄。上からすいか縞、あけび縞、藤縞。

本分で約60センチ織れる）〝マルチ〟というシリーズができました。

完成した会津木綿は、ほぼほぼ色落ちはしません。なぜなら、会津木綿は糸を先に染めて、染めた糸の組み合わせで色や柄を作っていく先染めの布なので、製品染め（後染め）と違って染色カスが糸と糸との間に残ることがありません。また、それぞれの色がにじんで柄がボケないようにするため、かなり堅牢度の高い染色がなされます。加えて定番の柄がとても美しく、同じものを作り続けなければいけなかったので、色の再現でだけでなく、安定にも随分気を使いました。

ともかく進もう

そうやって、新たに外から来たメンバーと昼夜頭を悩ませながら、会津木綿復活に向けて頑張っていました。職人たちも、社長の急逝で職を失うだけでなく、愛着のある原山の会津木綿がなくなってしまう、と一度はどん底まで落ち込んでいたので、再開が決まり、再び織りの仕事ができることをすごく喜んでくれました。一方、織物工場の敷地内には、前社長のご実家もあり、ときどき、お姉さんたちと顔を合わせることもありました。弟の急逝で落ち込んでいるところに、他人が入ってくることに耐えられないと思われていることがわかる瞬間も、もちろんありました。自動織機のガチャガチャという音が胸をざわつかせることもあったと思います。親族とのやりとりが簡単ではない時期もありました。

そんな最中に、電話で「お前らのやっていることはうまくいかない！」とか言われたり（もちろん名乗らず）、SNSに「やるなら徹底的に山﨑さんが染色をやるべきだ」とか書き込まれたりもしました。もちろん、私は染色を勉強する必要はあるけど、やる必要はないので無視しました。人の気も知らないで勝手なことを言うな！　と、本当に他人の言うことなんて聞いてられないと腹立たしく思う日も多々ありました。そんなときでも、社長やIさん、Mちゃんはいつもマイペースで、明るくやさしかったので、とにかく頑張ろう！　と思って前進していきました。

続けるための決断

百年後にも残れるように

私たちが原山織物工場の事業を引き継ぐにあたり、スタート時のメンバーは、もともといた工場職員5名と新しく雇った工場職員1名と事務員2名、私と社長の10名でした。私と社長は別に会社もあるのでただ働きでいいとしても、8人の給料を払わなければなりません。とくに今までなかったのは〝事務員2名〟の給料です。

また、掃除をした工場には、空調を設置しました。それまで原山織物工場はまさに〝終わるために続けていた〟ので、一切補修されておらず、工場の保守工事費は莫大なものが予想されました。ただ事業を引き継いで、織物を作るだけではダメなのです。

めざしたのは、〝百年後も残れるシステム作り〟。そのためにはなあなあな〝家族経営〟からの脱却がマストでした。たとえ家族がいたとしても、社員として採用するべきだと思っていたので、必要な人材数などを計算した結果、50パーセントの値上げに踏み切ることになりました。

改革に着手

50パーセントの値上げです。「値上げはできない」と言っていた前社長の言葉もあったので、取引先に言葉で説明しながらの大幅値上げです。初めはもちろんいろいろ言われました。また、自社で作っていた商品のラインナップも、数百円程度の低価格のものをごっそりなくして、1万円前後するようなエプロンやバッグを展開していきました。

低価格商品をなくしたのは、昔みたいに、観光客が大型バスで来て、ばらまき用のお土産を買っていく時代ではないと思ったからです。加えて、もし自分だったら、地方に旅行に行くときはその土地の美味しいお店などを調べて行くし、ショッピングもその地方の特産品の中でもなるだけいいものを自分や家族や大事な友だち用に欲しいと思うのではないかとも考えまし

た。そこで、自分用に欲しいもの、をテーマにアイテムを考えていきました。

当初、卸先であるお土産屋さんは「そんな高いものは売れない」と言っていましたが、とりあえず置いてみてくださいとお願いしました。１万円のものが１個売れれば、５００円の小物を20個売るのと同じです。１日に来る観光客の数は年々減少しているわけだし、売れればわかってもらえると思っていました。その狙いは的中し、今では快く１万２０００円のエプロンワンピースを置いてくれています。

少し話がそれますが、私は、お店というのは売り手が商品を理解して、愛情をもてるものであれば、もっともっと売れる場所だと思っています。お土産屋さんにはそれを知らない人が多いように思えるのが、残念なところ。一方では扱っている商品が多すぎて、店員さんがレジを打つだけの人にならざるを得ない側面もあり、難しい問題です。ただし、仕事って自分でどれだけでも面白くできるんだけどですけどね（笑）。これは受注会で、商品に愛情をもって接してくれる個人経営のお店の店主さんたちをたくさん見てきたゆえに思うことです。

右ページ写真／はらっぱのエプロン。右はワンピースとしても着られるエプロンドレス。左は袖つきのスモックワンピース。
上／肩掛けでもななめ掛けでも使えるショルダーバッグ。肩ひもが太くて楽、たくさん入って使いやすいと人気です。
下／はらっぱオリジナルのミニバッグ、巾着、ポーチなど小物いろいろ。手前の四角いものは、キーケースです。かぎをなくしがちなので、リングにかぎをつけてまとめてケースにしまっておけばなくさないはず！と思いついてデザインしました（笑）。はぎれをパッチワークして作っているので、すべて一点モノです。

左ページ写真／原山織物工場時代に受け継がれていた生地の見本帳。時代の変化に合わせてさまざまな柄を試行錯誤していた様子がうかがえる、貴重な財産です。

〝伝統産業〟とは？

助成の現実

ところで、〝伝統産業を引き継ぐ〟にあたり、事前にいろいろ調べたことがありました。日本には伝統工芸品や伝統産業を守る公的なしくみや助成金などがあると聞いたので、何か適用されないかな、と思ったのです。

経済産業省の方に相談したり、福島県の機関にもいろいろ相談に行きましたが、どうにもこうにも、伝統工芸品だからということでの即座に有効な助成はありませんでした。しかし私が東京から地方に移住して新規起業して人材を雇用することや、高齢者を雇用することへの助成などは、いくつか見つけることができました。

そしてそれ以上に、行く先々でいろいろな助言をいただいたことで、精神的にすごく励まされたのがよかったです。とにかく、いろんな人に「会津木綿を残してください！」と言って応援してもらいました。

守るべきものとは

そんな中で、代々続いてきた会津木綿の〝伝統を守る〟ということについて考え始めました。これまで家族経営だったものを、他人が引き継ぐのです。原山さん個人の会津木綿、歴史の中の会津木綿、会津における会津木綿、日本における会津木綿。いろんなパースペクティブから、今の会津木綿を見直す必要がありました。

なかでも、私はやはりアパレルデザイナーなので、会津木綿の品質が一番に気になりました。糸の太さや、生地の厚み、密度、柄や色。もちろん、これまでの生地を再現することは大前提ですが、そのほかに新しく何かを作ることも考えたい。

でも、私が引き継いだことによって「会津木綿変わったなあ」などと言われるのも悲しいし……と悩んでいました。

そんなとき、とある人から「今日本で〝伝統〟と言

カネロク
会津もめん
267
268
269
270
272
273
264

われているものの多くは、実際にはせいぜい20～30年の歴史しかないんですよ。何せ、戦後すごい勢いで流通が変わりましたから」という話を聞きました。

そうか。考えてみたら、今までだって昔のまま作っていたわけはない。これまでにも物流や技術革新で、素材や原材料が変化を余儀なくされたことはたくさんあったはずだし、生産者はその都度、何かを取捨選択して今の形、素材、原料に至っているはずなのだ、と気がつきました。

会津木綿も変わっていた

会津木綿で言うなら、アジア綿だけでなくアメリカ綿も手に入るようになり、染料も天然染料から合成染料になったりと、いろんな変化をしてきました。また、人の手がかかるシャトル型自動織機を使い続けるとなると、人件費がかかる分高価になり、その価格に見合った品質が求められます。

いくらもとは〃野良着〃用の生地だったといっても、素朴さだけではほかの高級素材と戦えません。価格だけ見れば〃高級生地〃に入ってしまう会津木綿は、そこで〃シルケット加工〃（綿にシルクのような光沢をもたせる加工法で、マーセライズ加工とも）という艶の出る加工をした糸を使うことを選択し、高い堅牢度と鮮やかな染色で、ある一定の地位を保つことができるようになりました。そしてそれこそが、現在の会津木綿なのです。

伝統産業を引き継ぐことの意味

時代ごとの状況の変化に柔軟に対応しつつ、変えてよいところは変え、残すべきところは残す。昔ながらの製品も受け継ぎつつ、特質を活かした新しいものも作る。そんなふうにして、作り手に適切な利益が残るしくみを確保した上で、よいものを作り続ける。そんな状態を実現して、続けていくことが、私が会津木綿という伝統産業を引き継ぐことの意味なのではないか、と思うようになりました。

会津木綿、ニューヨークへ行く

社長が押してくれた背中

　ところで、「はて、アメリカ行きはどうなったんだ？」と思われている方もいるかもしれません。

　じつは会津木綿工場の事業を引き継ぐとなったときに、アメリカ行きはちょっと保留にしようと思っていました。ちょうどビザの申請中だったのですが、必要書類が足りずに、プロセスが途中で止まっていたのです。だから止めるなら今かな、と思ったんです。

　それで、社長に「これから新規事業を起こすにあたり、アメリカ行きは3年くらい遅らせようかと思う」と相談しました。すると社長は、「それはしなくていい、アメリカには行ってください。機械を扱える職人はいますし、ハード的なマネージメントは自分ができるし、山﨑さんはアメリカに行って、商品開発や営業などを指示してくれればこっちでやります。山﨑さんにはぜひアメリカに行ってほしいです」と言ってくれたのです。

　ならばと、とにかく織物が織れる状態になるまでは見届けて、アメリカに行くということにしました。3月15日に事業を起こして、4か月で軌道に乗せて、その間にビザも取得し、7月28日にはアメリカに上陸していました。

　渡米後、マネージャーがひとり体調を崩して辞めてしまったのですが、しばらくすると前社長の従兄弟が入ってきたりもして、今は事務方に心強いメンバー3名、工場側には染色ができる男性も見つかり、20代も3人に増えて8名、社長と私を入れて総勢13名の体制になりました。

会津木綿への影響

　アメリカに来てからはいろいろあり、そのいろいろはここでは割愛しますが（笑）、会津木綿に与えた影響だけをお話しします。

　私がアメリカに来たことによって、すごくピンポイントではありますが会津木綿が話題になったようで、

左ページ上写真
上／裁断途中の会津木綿。極力布を無駄にしないよう、直線裁ちを基本にデザインしています。
下／セレクトショップ「ビームス ジャパン」とはらっぱのコラボレーションアイテムとして 2019 年に制作された地縞のサコッシュ（現在は販売終了しています）。

日本の大手3ブランドから、取引の話をいただきました。また、私の話をいろんな人がしてくれて、といっても大体は「伝統産業である会津木綿の工場を引き継いだ人が、今はアメリカにいる」というダイナミックかつ大雑把な話なのですが（笑）、それでもインパクトがあったようで、ちょっと話を聞いてみようかな的に、現地で大手ブランドさんの会議に呼んでもらったりもしました。

しかし、〝幅が15インチ（38センチ）しかない〟ということが理解できない人も多く、「もっと広幅にできないのか？」などよく言われました。これは日本でもよく言われるのですが、広幅の生地なら私は引き継いでないんですよね。

幅38センチの必然性

洋裁をされる方はご存知だと思うのですが、今は日本でも、ほとんどの生地が90センチ幅（シングル幅）～110センチ幅（普通幅）、または140センチ幅（ダブル幅）で織られています。これは、もともと西洋から来たモジュール（単位）です。日本では着物を着る文化があったので、人が手を広げるとやっこさんの形になって、4枚継ぎ足して片方の手首からもう片方の手首までの幅になればいいという感じで、1枚分の幅ができていました。

糸や原材料の綿自体が貴重なので、織った生地を切って捨てるなんてことは考えつかなかったでしょう。自家用の布を織っていた期間が長いですから、生地幅は家族の体型に合わせて決められていて、昔は38センチに満たなかった頃もあります。古い織物を見ていると本当に幅はまちまちですし、はぎ合わせた部分を見ても、布を切った痕跡はほぼありません。

そうやって考えると、38センチというのは、今ふうに言うとてもエコな単位なんです。まるで、お箸でご飯も、お汁も、麺も食べてしまう、日本人の合理性や美意識が詰まっているようです。私が初めて会津木綿に出会ったときも、なるべくこの38センチという幅を活用してデザインしていこうと思いました。

スカートやワンピースのボリュームは、おおむね生地に即して決めています。必然性があるのでとても楽にデザインできています。38センチ幅の織機を作っているのも人間ですし、そもそも人間にとって都合がいい幅だからこその必然性なので、楽なのは当然なんで

すけど（笑）。
幅の広い生地の中に好きな形を描いて、いらない部分を切り捨てる、という考え方ではなく、幅の狭い生地をはぎ合わせて好きな形にしていく、いらない部分ができたらちょっとだけ切る。はたまた、縫い代に折り込んで隠す。極力布を捨てないで服を作る。
これが、ヤンマの洋服作りの基本になっています。

〝さるっぱかま〟できました

左ページ写真
上／会津木綿のさるっぱかまを愛用してくれている「ごっつぉんファーム」の岸本篤美さん、恵里さんご夫妻。くたびれた生地はトロトロで、肌ざわりバツグンです。
右下２点／作業中のふたり。しゃがんで作業するときにも、さるっぱかまならストレスがないそう。
左下／おふたりが自然農法で栽培しているピカピカのプチトマト。
（写真：著者提供）

究極の野良着

日本の伝統的な布使いの考え方にもとづいて、東北の農業地帯で生まれた究極の野良着が〝さるっぱかま〟（猿袴。〝さっぱかま〟〝さるばかま〟とも）ではないかと思います。さるっぱかまは四角い布を縫い合わせて作るもんぺのようなパンツで、サルエルパンツに似ています。

会津木綿の織元を引き継いですぐに、「さるっぱかまも作ってほしい」という声をいただきました。とはいえ、今は、速乾性のものや、安価な作業着が山ほどあります。会津木綿で作るとなると値段もそんなに安くないですし、会津木綿で野良着を作ることへの理由が必要でした。

そんな中、会津で農業をしているご夫婦に出会いました。彼らは、自然農法、完全無農薬で農業をやろうとしていました。初めは彼らに綿花の栽培をお願いしたのですが、なかなか条件が合わず。まだ駆け出しだった彼らの負担になってもいけないと計画は中断したのですが、彼らとの会話の中で、彼らがうちの生地を買って知り合いにさるっぱかまを作ってもらい、それを愛用していると知りました。くたびれた実物を見せてもらうと、トロトロで肌ざわりも気持ちがいい。

さらに先日、彼らの田んぼの農作業を手伝う機会に恵まれました。一緒に作業をしながら、使い込まれた会津木綿のさるっぱかまを見ていると、中腰作業にも負担のないデザインで、傍目にも作業がしやすそう。生地もよくあるチノパンやデニムなどと違い、ほどよい太糸の平織なので、軽くて乾きやすく水田の作業にも向いているのがよくわかりました。私自身も会津木綿のパンツ（ヤンマのスリムパンツ）を履いて作業したのですが、確かに、自分が持っている服で農作業をするなら会津木綿以外に考えられないと思いました。

そういうわけで、会津木綿工場を引き継いで5年目にして、彼らに助言をもらいながら、いよいよ〝はらっぱのさるっぱかま〟を作るに至りました。

Report

会津木綿ができるまで〜はらっぱ工場案内

現在、はらっぱの工場では総勢8名のスタッフが会津木綿の製造に携わっています。力織機を始めとする設備はすべて原山織物工場から引き継いだもの。今では糸染めもできるようになり、もとの色・柄を再現しつつ、新たな色・柄や製品の開発にも取り組んでいます。

染め場外観。こげ地茶色の部分は、補修の際に残した部分です。真新しい白木の部分とのコントラストが気に入っています。手前にある２本の棒は糸干しの竿をかける物干しです。

染め場から始まる生地作り

会津木綿の生地作りは、糸染めから始まります。原山織物工場時代から、糸の染めはオリジナルの色や縞を作るために欠かせない工程として行われてきました。使用する染料は色落ちが少なく、発色のいい合成染料。これも原山織物工場時代と同じです。ただ、原山織物工場時代は原山社長が染めを一手に引き受けていたため、はらっぱスタート時は誰にもノウハウがわからず、しばらくは糸染めができませんでした。

しかしその後、試行錯誤の末に染めが再開できることになり、まずは染め場を改修。古い建物の建材を活かしつつ傷んだ箇所を補修し、使いよくする、まさにはらっぱがやろうとしていることのような改修作業を経て、染め場が復活しました。

糸染めの方法には、綛《かせ》に巻いた糸に染料を噴射する〝綛染め〟やボビンに巻いた糸を染料にドボンと浸す〝チーズ染め〟があるのです

右の写真の機械が“糊付綛糸解機”。綛糸を吊るすと振り子運動をして余分な糊を振り落とします。左上は整経室の一角。ボビンに巻く前と巻いたあとの糸が大量に。左下は整経した経糸を巻き取るドラム。これを力織機にセットします。

が、会津木綿の糸染めは前者の〝綛染め〟です。これは糸に負担をかけず、本来の風合いを活かしつつ、ムラなく染めるため。

染め場では、糸染めに加えて会津木綿の要ともいえる〝糊付け〟の作業も行われます。染め終わった綛糸を糊に浸してから、専用のレトロな機械（〝糊付綛糸解機〟と記載されています）にセットし、余分な糊を振り落とすと、糊付け完了。糊付けした綛糸は、竹竿に通して庭に干します。吊るして干すことで重力が加わり、伸び切った状態を糊が固定することになります。しっかり乾いたら、糸の準備が整います。

織る前の準備

糸ができたら、次は生地を織る前の準備。経糸用の糸と緯糸用の糸に分けられ、準備を進めます。経糸用の40番双糸（56頁参照）は、織り場の奥にある整経室で整経担当のふたりが生地の模様に合わせてセットし、織機に取りつけるドラムに巻き取ります。

会津木綿の代名詞とも言える〝縞〟は経糸の配色により作られているため、整経作業は予定通りの縞になるかどうかの成否を握る、とても重要な作業です。1枚の生地に使用する経糸は、900本。これだけの数を間違えずに配置し、ゆるみなく均等にドラムに巻く作業には、慎重さに加え、技術や経験が欠かせません。

一方、緯糸用の20番単糸（56頁参照）は、織り場の一角に置かれた〝管《くだ》巻き機〟で管（緯管）に巻かれます。管は、力織機のシャトル（杼《ひ》）にセットして使用します。船のような形をしたシャトルの中に管を取り付け、そのシャトルを経糸の間に通すと緯糸が経糸の間に通りま

右の写真は管巻き機。下の糸車にかけた綛糸を、上の管に巻き取ります。
左上は大切に保管している織機の歯車。左下は、織り担当のスタッフが自作してくれた掃除道具です。

す。これを繰り返すことで経緯の糸が交差し、布が織られていくというしくみです。

ようやく織り作業へ

糸の準備ができたら、ようやく織り作業に移ります。会津木綿は、動力を用いて布を織る機械全般を指す〝力織機〟の中でも、旧式な〝シャトル織機〟を使用して織られています。現在主流となっている、コンピュータ制御で風圧や水圧を利用して高速で緯糸を通す〝シャトルレス織機〟にくらべると、布を織るスピードは10〜20分の1程度。すでに製品としては製造されていないため新たに購入することはできず、自分たちで調整したり、修理したりしながら使う必要もある手のかかる機械です。

それでも使い続けるのは、この織機で織らなければ、会津木綿ならではの持ち味が作れないから。シャトル織機はゆっくりと布を織る分、経糸、緯糸に負荷をかけずに密度の高い布を織ることができます。また、布の耳（布端）がしっかり織り上がるという特徴も。やわらかな風合いがありながら透けにくく、地厚で丈夫、という会津木綿ならではの特徴は、シャトル織機で織るからこそのものでもあるのです。

現在、織り場で稼働しているシャトル織機は22台。ほかに修理予定のものが4台、使えなくなって保管中のものが2台あります。織機としては完全に使えなくなってしまったものでも、ほかの織機を修理するときに取れるパーツがあるかもしれないので、廃棄するわけにはいきません。

右の写真は織り場。天井に設置されたモーターの動力がベルトで織機に伝わって稼働するしくみです。
左上は縫製室のひとコマ。左下ははらっぱスタッフたち（左下写真：はらっぱ提供）。

織機自体は全自動で布を織ってくれるのですが、約60センチ織ると緯糸がなくなるため新しい管をセットしたり、何かトラブルが起きて止まっていたら直したりと、織っている最中にも何かと手がかかります。そのため3名のスタッフは、それぞれ8台、6台などと担当の織機を決めて、複数の織機で同時進行する作業を管理しています。

ところで、現在の織り担当スタッフの人たちについて、私がありがたく思っていることのひとつに、きれい好きなことがあります。つねに糸が擦れ合う織機周辺は綿ボコリがたまりやすく、ほうっておくと機械のトラブルにつながることも。それが「気になる」と専用の掃除用具の自作までして（笑）、こまめに掃除をして、織り場をきれいに保ってくれているのです。こうした心配りも、よい布作りには活きていると思っています。

オリジナル製品の縫製もしています

織り上がった生地の一部は、はらっぱのオリジナル製品になるのですが、その製造も社内で行っています。ミシンやアイロンのある縫製室で裁断から縫製まで、全製品の製造をひとりで担ってくれているのは、原山織物工場時代からのベテランさんです。

原山織物工場時代とは作るものが随分変わったと思うのですが、「今のほうが楽しい」と言ってくれているのは、私としてもうれしいところ。

はらっぱの工場では、こんなふうにメンバーがそれぞれに自分の持ち場に取り組みながら、今日も会津木綿を作っています。

会津木綿の〝縞帳〟

縞帳とは、生地の模様見本のことです。日本では古くからストライプもチェックも〝縞〟、つまり織り模様のことを縞と呼んできました。単色（単色でも表面に独特な節があり、地模様があるように見えるのも会津木綿の特徴です）も含め、現行の模様105種類をまとめました。

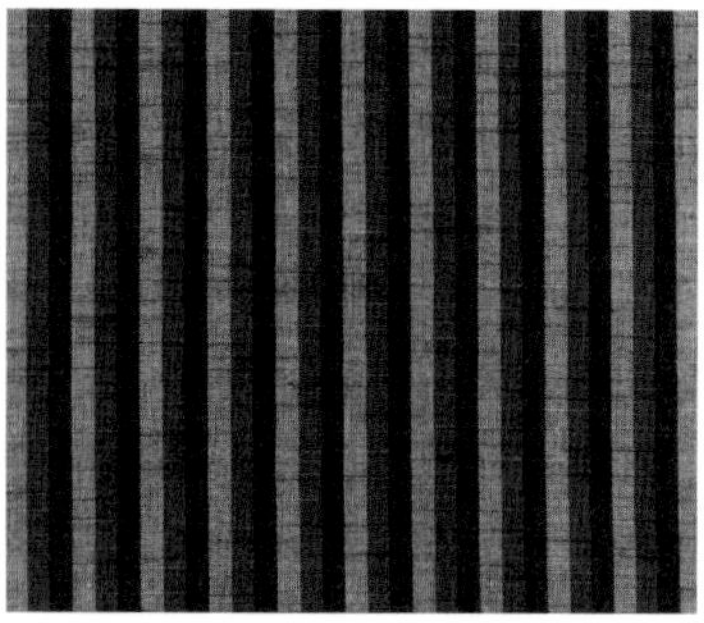

三色棒縞／K04

原山織物工場時代からの定番柄。古くからある見本帳にも載っていて、昔から愛されてきた柄です。

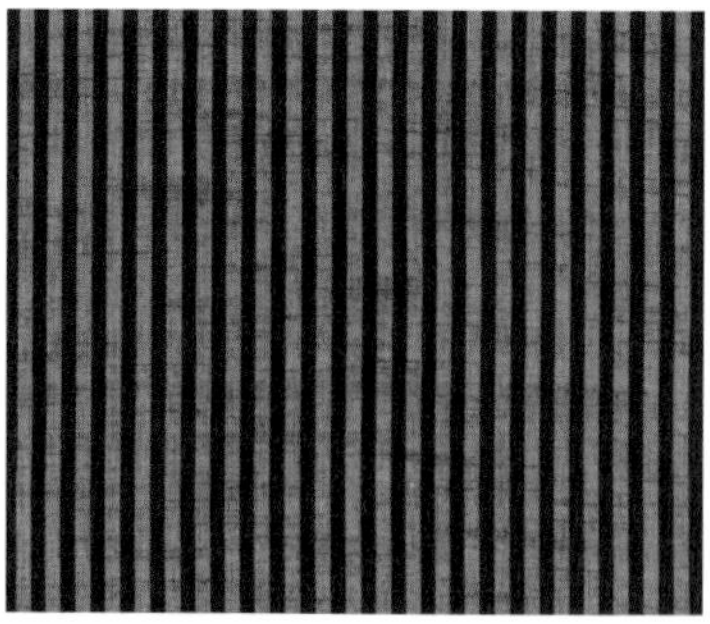

棒縞／K01

原山織物工場時代からの定番柄。ベージュ部分の経糸は、よく見るとカラシ色と白の糸が交互に配置されています。これにより紺の部分が黒にも紺にも見える、とても味わい深い縞柄です。

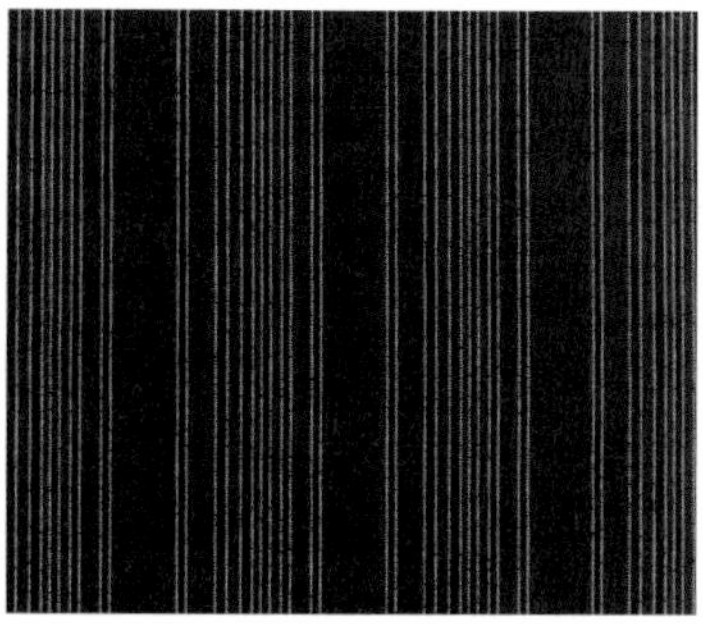

滝縞／K07

原山織物工場時代からの定番柄ですが、若干縞を整理してマイナーチェンジしました。経糸の白の間は濃紺なので、よく見ると紺・白・濃紺の３色の縞になっているという奥行きのある柄です。

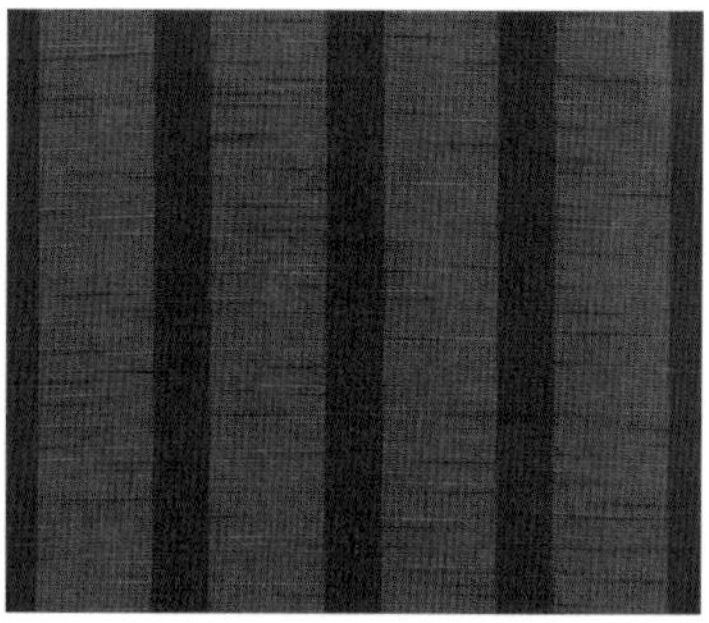

かつお縞／K02

原山織物工場時代からの定番柄。青の３本縞がカツオの光輝く胴の色みに似ていることからついた名で、かつては日本各地で織られていました。大胆なようでいて、花柄などともなじむ包容力のある柄です。

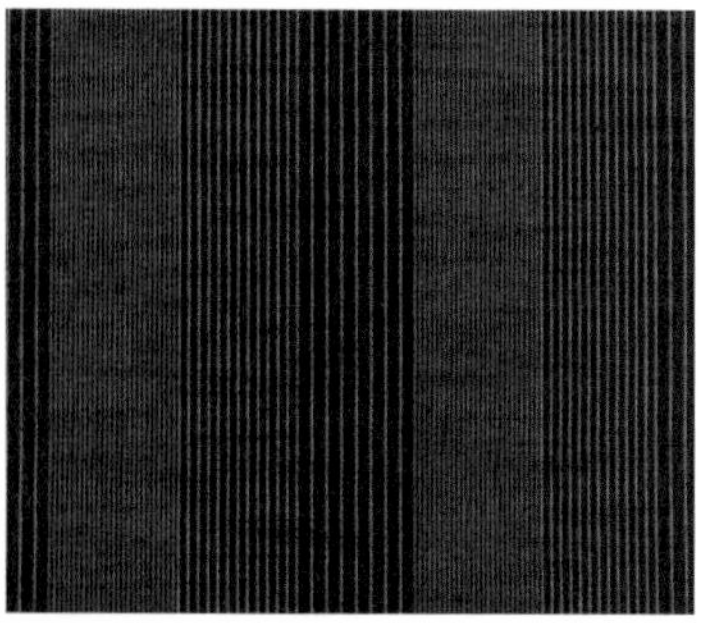

流れ縞／K09

原山織物工場時代からの定番柄。３種類の縞が交互に配置された、落ち着きがありつつひねりの効いた柄で、何にでも合わせやすいのが持ち味です。

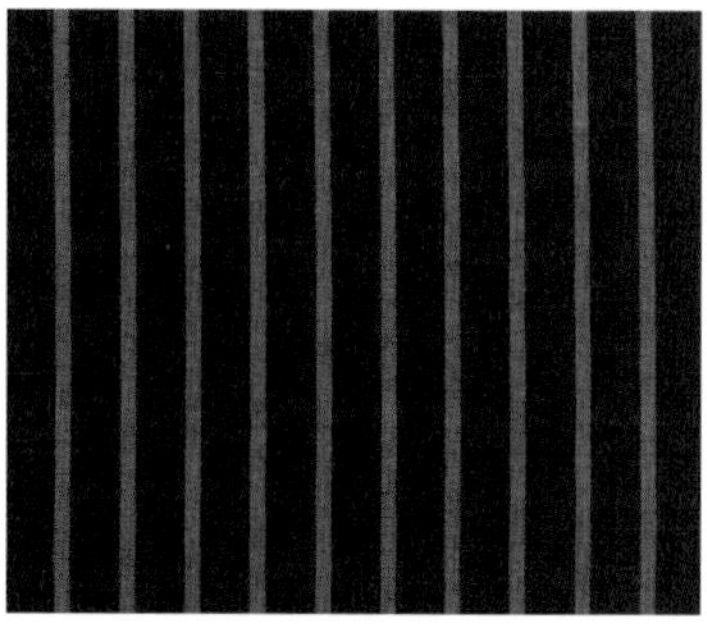

大名縞／K03

原山織物工場時代からの定番柄。黒とブルーのストライプで、別名“海蛇”。はらっぱになってから工場の整理をしたときに発見し、「こんな柄があったのね！」と定番色で再現しました。

◎データの見方

- ・名称／品番／説明の順に記載しています。
- ・写真はすべて実寸の20パーセントです。
- ・原反の１反は幅38センチ、長さ約12メートル。水通しをすると長さが５〜10パーセント縮みます。

黒／ KBK

原山織物工場時代からの定番色。色落ちしにくい鮮やかでマットな黒は、不動の人気です。

グリーン／ KGR

原山織物工場時代からの定番色で経糸はグリーン、緯糸は紺。インパクトがあるのにヘビーユースできる優秀な色です。色ものを躊躇する方には「紺だと思ってコーディネートしてください」と伝えています。

やたら赤／ K11

原山織物工場時代からの定番柄。経糸には赤をベースにさまざまな色の糸を配置してある、とても鮮やかな生地です。

黒緑／ KDG

原山織物工場時代からの定番色。経糸に黒、緯糸にダークグリーンを使用することで、黒のようでただの黒ではない、独特な深みのある色になっています。

カラシ／ KYE

原山織物工場時代からの定番色。深く濃く落ち着いた色みですが、かわいらしさもあります。大人っぽくもかわいらしくも着られる、飽きのこない色です。

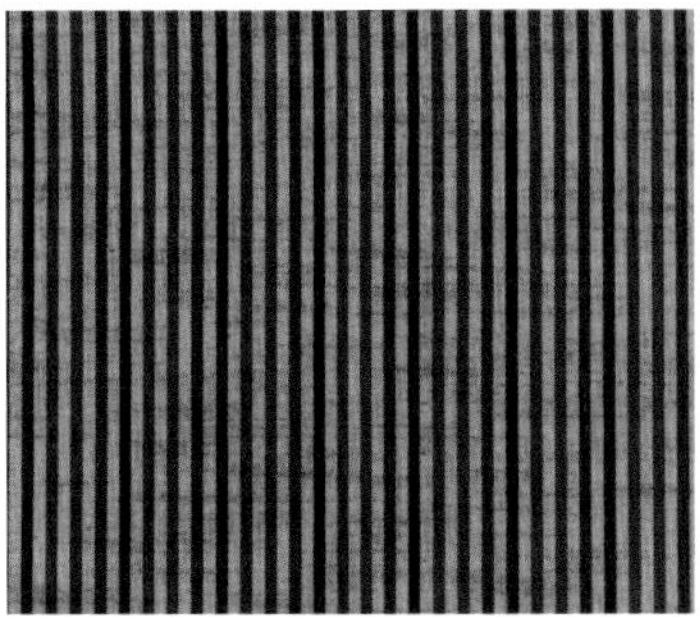

柿縞／ K12

原山織物工場時代からの定番柄です。こげ茶、赤、グリーンの細い縞が並んだ、昔ながらの柄でありながらモダンな印象の縞。小物に使うのもおすすめです。

ターコイズ／ KTQ

原山織物工場時代からの定番色で、経糸にブルー、緯糸にグリーンを使用。日本人の肌によく合う色みです。明るいトーンなので、元気がないときにぜひ身に着けてほしい色でもあります。

紺／ KNV

原山織物工場時代からの定番色。コーディネートしやすく品のある定番色としても大人気です。鮮やかなのにしっかり濃くて、色落ちもなし。本当に使いやすい色です。

16番白／ KOW

原山織物工場時代からの定番色で、綿花の種殻が点在する生成です。この生地のみ使用する糸が違い、洗うほどに密度が増す会津木綿の良さが活きた優秀な透けない白。さらに洗うほどに白くなっていきます。

えび茶／KEB

原山織物工場時代からの定番色。落ち着いた色みながら派手さもあり、飽きのこない色です。

ブルー／KBL

原山織物工場時代からの定番色。安心感のある色なので、色ものは初めてという方にもおすすめです。

銀青／KGA

原山織物工場時代からの定番色で、経糸はターコイズ（→ P.93）と同じ青ですが、緯糸にピンク系のベージュを使用。まるでシルクのような光沢があります。高級感があり、オフィスシーンにもおすすめです。

赤／KRD

はらっぱの新色です。真紅のような赤が欲しくて新たに作りました。鮮やかですが落ち着いた赤なので、華やかで上品。いやみがなく、カジュアルにも使いやすい色です。

ゴールド／KGD

原山織物工場時代からの定番色。経糸にカラシ、緯糸に白を使用したゴールド。カラシ（→ P.93）とともに人気の色です。

パープル／KCP

原山織物工場時代からの定番色。一見派手ですが、緯糸に紺を使用しているため、意外と合わせやすいのです。最初は敬遠していても、試着してみると「新しいかも」と即決される方が多い色でもあります。

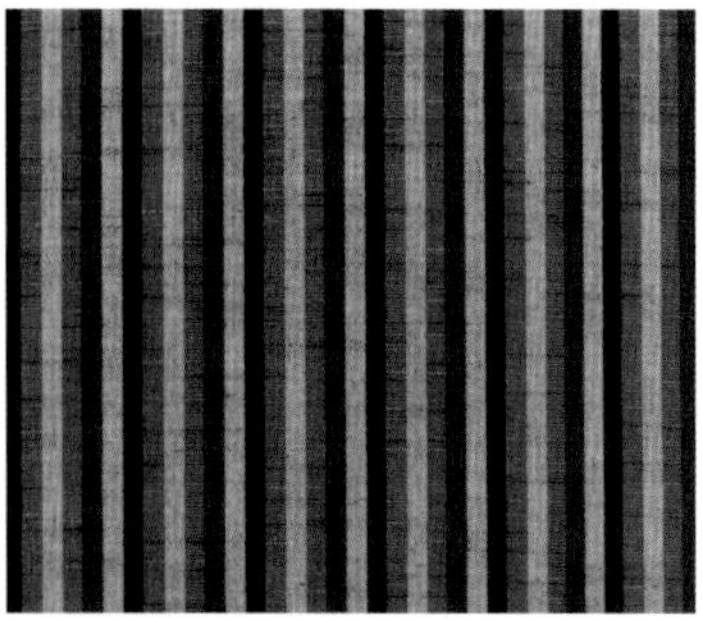

てり縞／KTR

原山織物工場時代からの定番柄。紺、ブルー、グレー、えんじという鮮やかな4色ラインのストライプは、個性的な柄でアクセントをつけたい方にぴったりです。

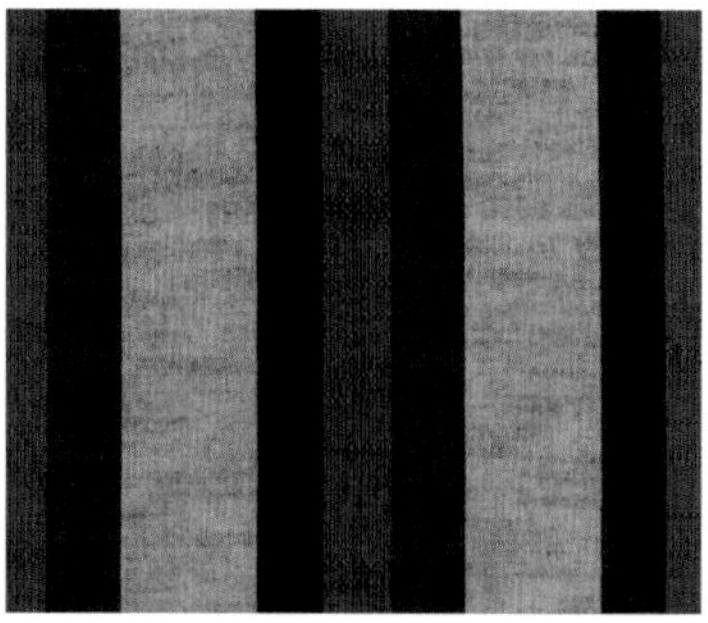

はで縞／KHD

原山織物工場時代からの定番柄。名前の通り派手ですが､着てみると落ち着きもあり、インパクトもあり、浮かない派手さが魅力です。多色使いなので、合う色も豊富。いろんな着こなしを楽しめる柄です。

玉虫／KTM

原山織物工場時代からの定番色です。グリーンと茶色が混ざり、鈍く光る複雑な色みは、まさに玉虫。高級感のある人気の色です。

濃紺／P05

はらっぱの新色です。定番の紺（→P.93）との違いは、緯糸を紺と黒の交互にしたこと。これにより、さらに濃く深い色になりました。

白黒スラブ／KGS

スラブシリーズのひとつで、こちらは経糸に黒と白、緯糸に白を使用しています。白の分量が多いため、全体としてはライトなグレートーンのさわやかな印象に。

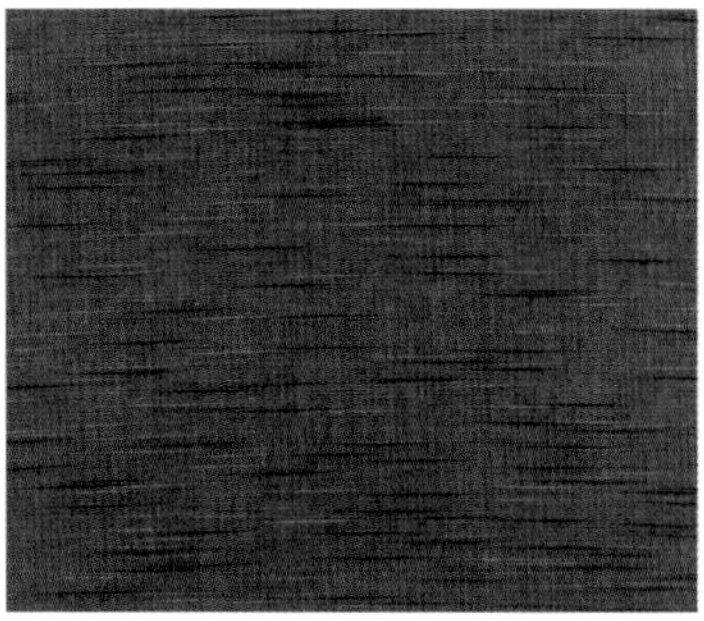

紺スラブ／KNS

スラブとは、太さが不均一な“スラブ糸”で織った生地。会津木綿はすべてスラブなのですが、表面に浮き出る“節”がとくに目立つのがスラブシリーズ。紺スラブは経糸に紺と白、緯糸に紺を使用しています。

藤縞／KP07

はらっぱの新柄です。濃淡の藤色を太めのストライプにしました。さわやかな色みで、春・夏にぴったりです。

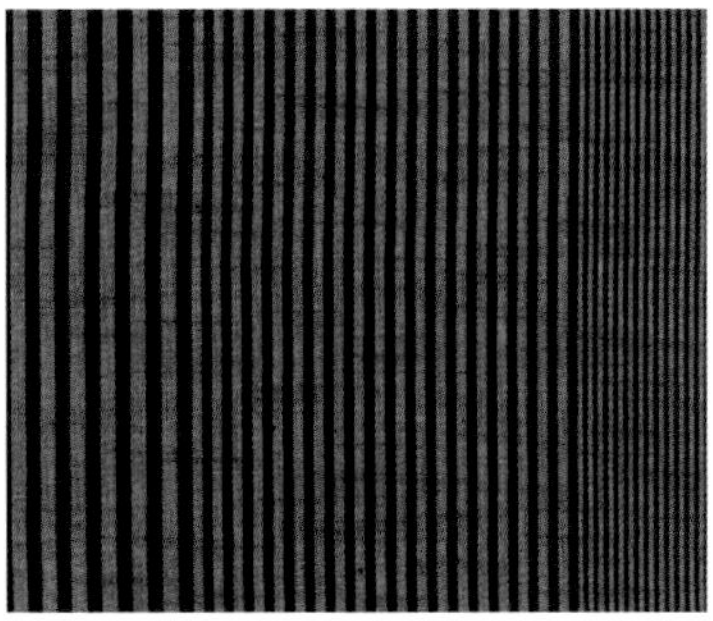

ぼかし縞（紺）／P01

はらっぱの新柄です。1尺（約38cm）の幅の中で3種類の太さの違う縞柄にグラデーションするデザイン。色みは棒縞（→P.92）と同じです。

白紺スラブ／KWS

経糸は紺スラブと同じく紺と白で、緯糸をライトグレーにしたバージョンです。緯糸を替えるだけで、かなり軽やかな印象になりました。

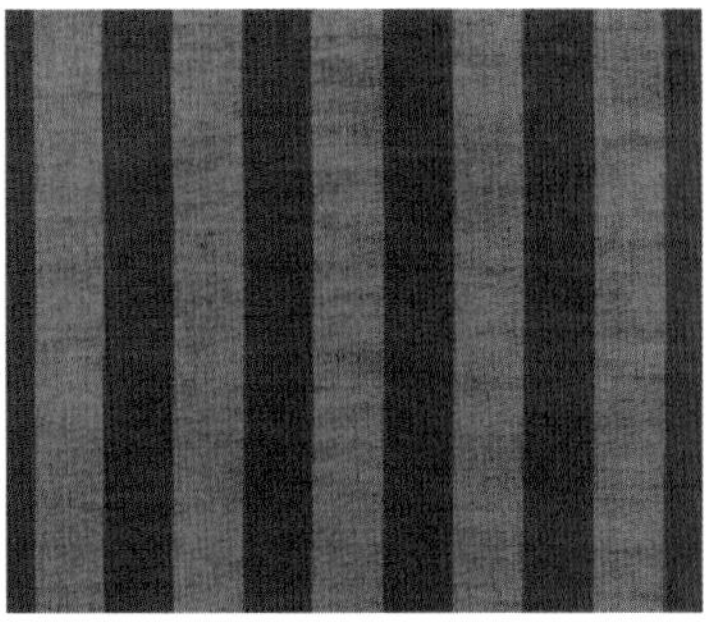

あけび縞／KP08

はらっぱの新柄です。藤縞の色違いで、緯糸にダークブラウンを使った深みのある薄紫の濃淡のストライプ。落ち着いた色みなので、抑えたトーンで柄ものを取り入れたい方におすすめです。

黒かつお縞／P04

かつお縞（→P.92）の色違いです。かつお縞の色みがカツオの腹部分だとしたら、こちらは背の部分のイメージで、黒を取り入れてみました。

黒スラブ／KBS

スラブシリーズのひとつで、こちらは経糸に黒と白、緯糸に黒を使用しています。ダークトーンが好きだけど無地ではもの足りないという方や、男性にもおすすめです。

朱赤／KP15

原山織物工場時代からの定番色です。経糸に２色の赤系の糸を使い、明るくかつ落ち着いた朱赤を表現しています。質感が活きているので小物にも、また顔映りがいいのでお洋服にもおすすめです。

小町からし／KP12

はらっぱの新柄です。右下の小町ぶどうのカラシ色バージョン。カラシ色のベースに４色の縞が細かく入る楽しい柄は、小物作りなどにもぴったりです。

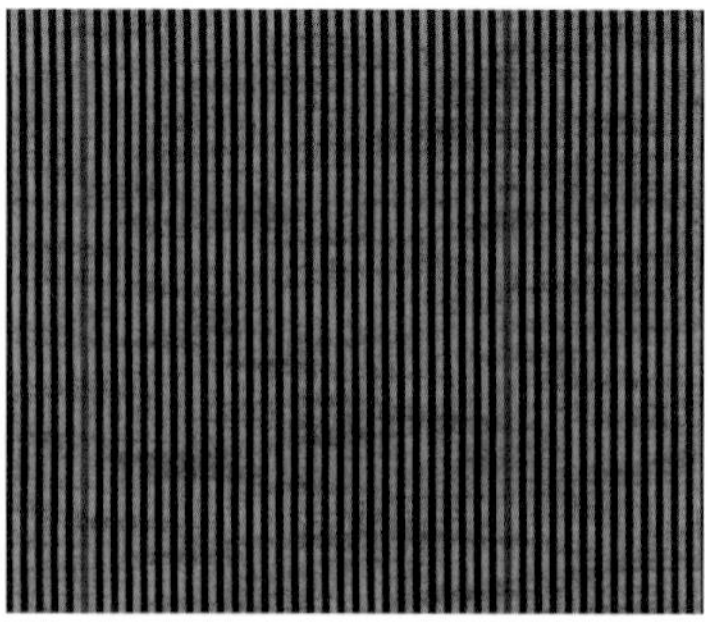

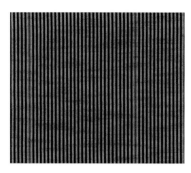

ピン縞（黒）／P09

はらっぱの新柄です。黒と白の細い縞柄にときどきブルーを入れてみました。近くで見るのと遠くで見るのとで印象が大きく違う、おしゃれな縞柄です。

ライトグレー／KP16

原山織物工場時代からの定番色です。さわやかで品のいい青みがかったグレーです。とても使いやすいと評判です。

すいか縞／G04/P13

はらっぱで初めて作った新柄です。先代の社長が残した糸を活かして作りました。緯糸にスミクロを使用しているせいか意外と落ち着いた色みで、人気柄になりました。

小町ぶどう／KP10

原山織物工場時代からの定番柄の“小町”で色違いを作ってみました。透明感のあるブルーと紫のコンビネーションが美しい縞柄になりました。

グレー／P17

はらっぱの新色です。しっとりとした中間グレーで、濃い色にも薄い色にも合わせやすくて重宝します。

スミクロ／P14

2016年に登場したはらっぱの新色です。ほどよい濃度のダークグレーで、黒ほど重くないモノトーンはいろんなシーンで重宝します。

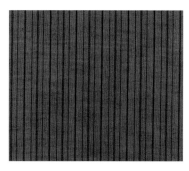

小町こはく／KP11

はらっぱの新柄です。左上の小町からしは緯糸にカラシ色を使用していますが、こちらは茶色を使用。その分、とても落ち着いた柄になりました。

抹茶／KP21

はらっぱの新色です。名前の通り、お抹茶のような少しクリーミーなモスグリーンです。

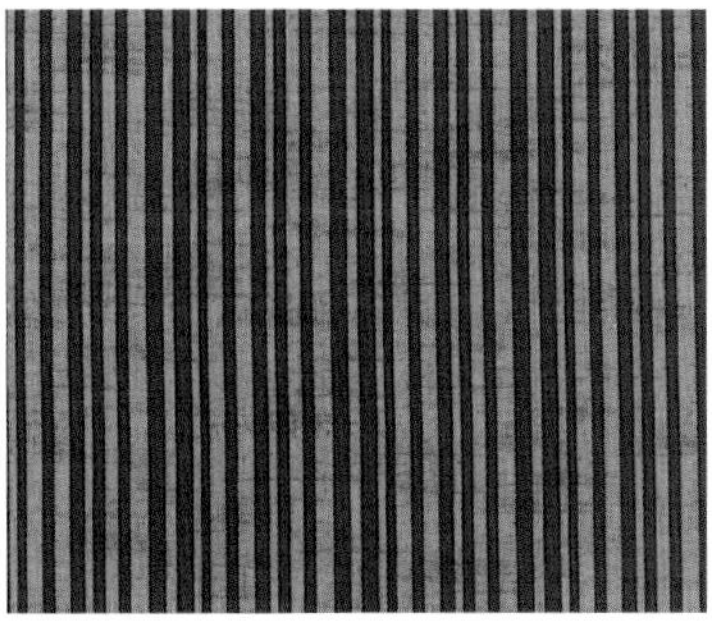

笹竹縞／K14

原山織物工場時代からの定番柄。名前の通り竹林をイメージした昔ながらの柄ですが、どことなくモダンで、なぜか欲しくなってしまいます。

モスグリーン／P18

はらっぱの 2018 年の新色。経糸にグリーン、緯糸にブラウンを使用しているためのっぺりせず、大人っぽいシックな色になりました。ビビッドな色にもモノトーンにも合う、重宝すること間違いなしの色。

やたらピンク／K16

原山織物工場時代からの定番柄。人気の“やたら”シリーズのピンクバージョンです。

ピンク／KPK

原山織物工場時代からの定番色です。経糸に３色使い、子どもっぽくならないように配慮されています。少しグレーみがあり落ち着いているので、パンツなどにしても素敵です。

灰茶／KP19

原山織物工場時代からの定番色です。ライトグレーの緯糸をこげ茶にしたもので、赤みがあるので顔映りもよく、上品です。

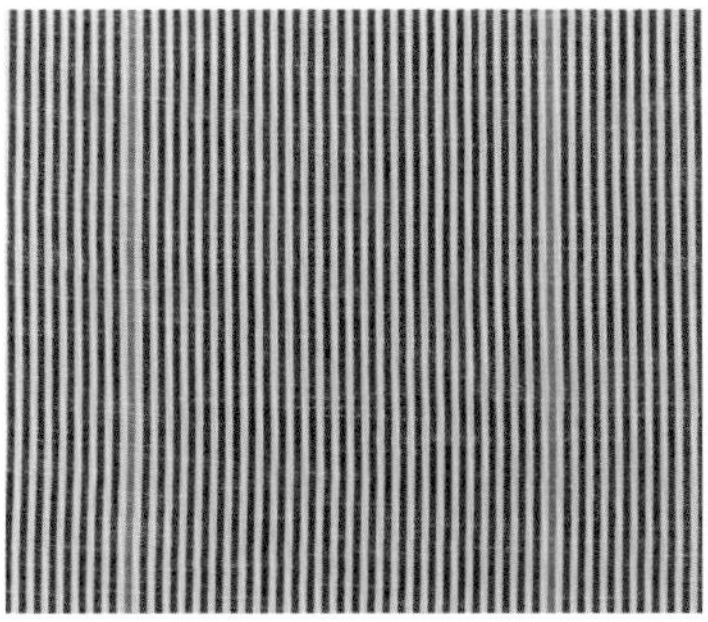

ピン縞（白）／P22

はらっぱの新柄。ピン縞（黒）（→ P.96）の色違いで、緯糸に黒を使用するピン縞（黒）に対して、こちらは緯糸に白を使用。おしゃれな雰囲気はそのままに、全体的にさわやかな印象に。

やたら紺／K13

原山織物工場時代からの定番柄。“やたら縞（矢鱈縞）”は、不規則な縞模様のことで、日本の伝統柄のひとつ。原山織物工場時代から人気の“やたら”シリーズの中でも、ベーシックな紺は定番中の定番です。

赤紺／KP20

原山織物工場時代からの定番色です。経糸が赤で緯糸が紺。生地にインパクトがあるので、小物や着物にするととてもかっこいいです。

レンガ／KP26

原山織物工場の代表的な色のひとつです。落ち着いた色みでお洋服はもちろん、小物の合わせにも使いやすい色です。

若草／P23

はらっぱの新柄です。トーンの違う２種類の緑とピンク、グレーのきれいな４色ラインは小物でアクセントをつけたい方にぴったりです。

やたら紫／K15

原山織物工場時代からの定番柄です。人気の“やたら”シリーズの紫バージョンです。

まりも縞／P27

はらっぱの新柄。グリーンとブルーの縞柄で、健康的でありつつ微妙なニュアンスがあります。一見奇抜にも見えますが、黒、茶、ベージュなどベーシックな色と合わせるとシックに決まります。

花縞／KP24

はらっぱの新柄です。カラシ、クリーム、ピンク、ブルーの４色を組み合わせたポップな縞は、小物にぴったりです。

古代縞／K18

原山織物工場時代からの定番柄。さりげなくブルーのラインも入っていてとても粋。大胆な縞柄でもベーシックな色みなのでとても合わせやすく、マニッシュに仕上げたいときにも決まります。

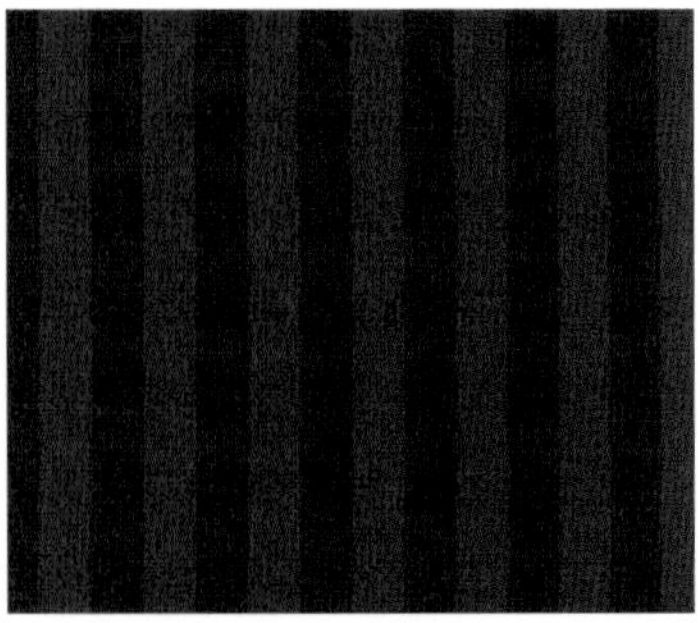

おさむ縞（赤紫）／P31

左のおさむ縞（赤紺）の緯糸をワインレッドに替えて織っています。落ち着いた赤い縞なので、お洋服の生地としても人気です。

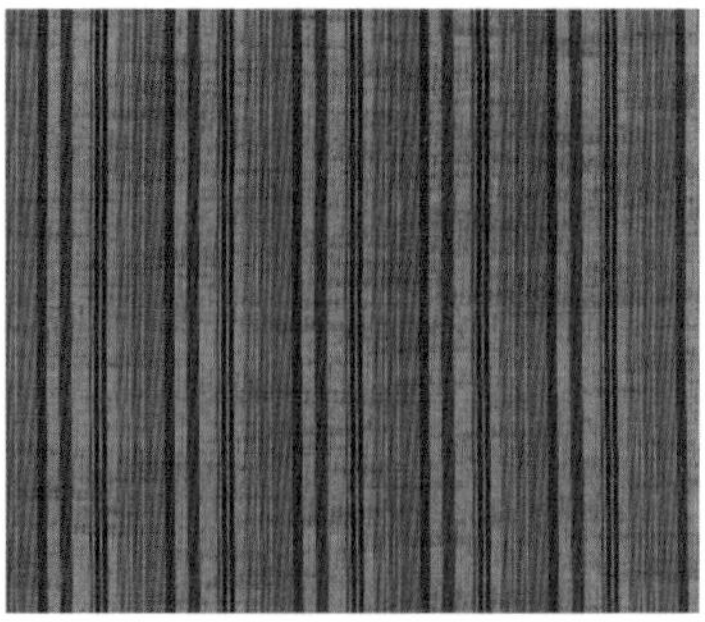

虹縞／K20

原山織物工場時代からの人気柄です。９色の経糸を絶妙なバランスで組み合わせて使っており、明るい雰囲気が小物用などに非常に人気があります。

八重縞／K19

原山織物工場時代から織っている縞です。パープルの中のピンクが凛としていて、『八重の桜』のヒロインにもなった新島八重さんのようで、地元会津若松でも人気です。

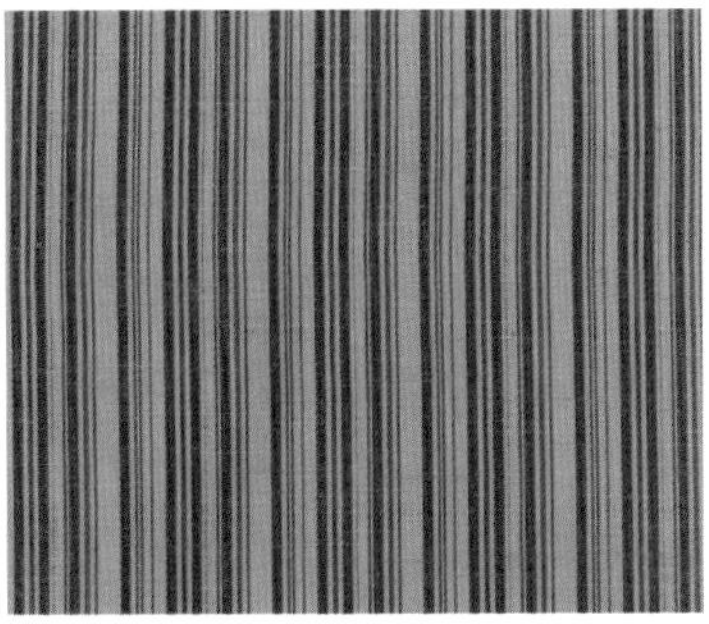

文庫縞／ K24

原山織物工場時代からの定番柄。右下ののれん縞と同じく、会津木綿のお土産品などにもよく使われてきた、昔ながらの柄です。

ひじり縞／ P34

はらっぱの新柄。グレー部分には薄ピンク、白、黄色の３色を使っています。そのため単なるブルーとグレーの縞ではなく、和洋どちらの装いにも対応する幅広さを兼ね備えています。

花縞（茶）／ KP32

はらっぱの新柄です。花縞（→ P.98）の緯糸をこげ茶に替えて織りました。子ども服にもぴったりな愛らしい縞です。

広海《ひろみ》縞／ P37

まりも縞（→ P.98）の緯糸をダークグリーンに替えて織っています。ブルーの縞の部分が深海を思わせる深い色合いです。

白虎／ KWB

16 番白（→ P.93）は生成に近く、こちらが一番白い生地です。スラブの質感も伝わりやすく、会津の雪を思わせるような、清らかな白です。

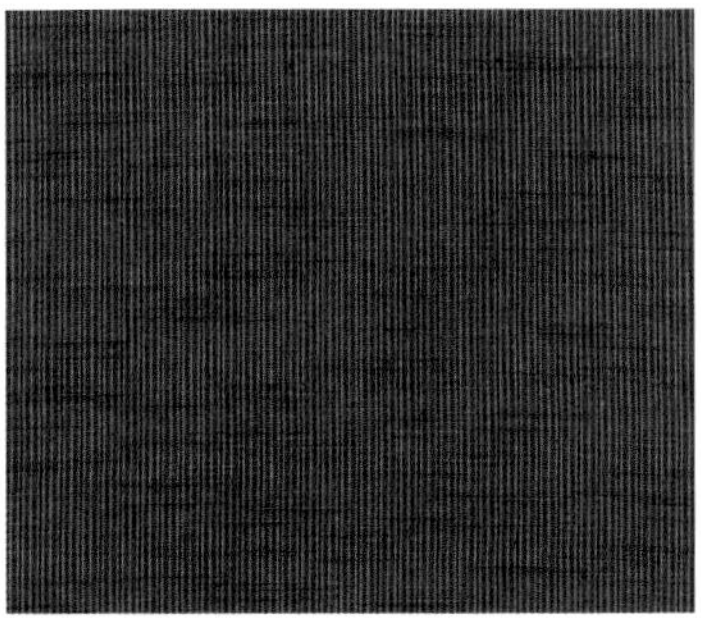

細縞／ K22

原山織物時代から織っている定番の縞です。みじん縞で和風な感じが着物や小物にもぴったりです。

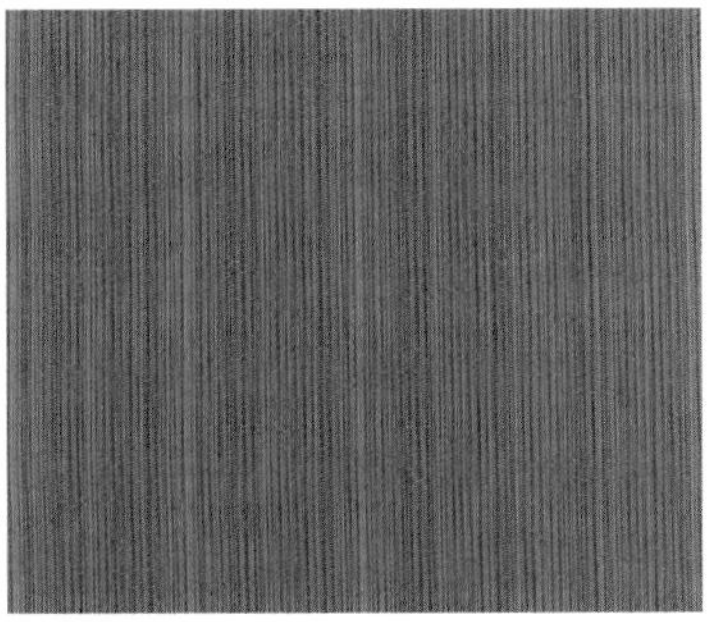

やたらカラシ／ KP39

原山織物工場時代から愛されてきた定番柄、“やたら”シリーズのカラシ色バージョンです。柄に迷ったら選んでみてほしい、会津木綿らしい柄です。

のれん縞／ K23

原山織物工場時代からの定番柄。会津木綿のお土産品などにもよく使われてきた、昔ながらの柄です。小物などにもぴったり。

おさむ縞（赤紺）／ P33

はらっぱの新柄です。落ち着いた赤と濃紺の太めの縞で、大胆でありつつ大人っぽいニュアンスがあります。緯糸が黒なので、コーディネートしやすいのも魅力。甘すぎないトラッドな装いにぴったりです。

白虎×ライトグレー／KWB-LG

白虎の経糸で緯糸にライトグレーを使って織りました。白虎シリーズの中で一番清潔感があり、マスクなどにもピッタリです。

紺×ブルーグリーン／KNV-BG

紺の無地の緯糸をブルーグリーンに替えて織りました。鉱物のような鈍い輝きが特徴的です。

あさぎ／KP43

はらっぱになってからの新色です。経糸に水色とクリームの２色を使い、緯糸にブルーグリーンを使用。春夏向きの涼しげな色が出来上がりました。

やたら赤×茶／K11-KT

原山織物工場時代からの定番柄。人気の“やたら”シリーズの赤バージョンの緯糸を茶にして織りました。

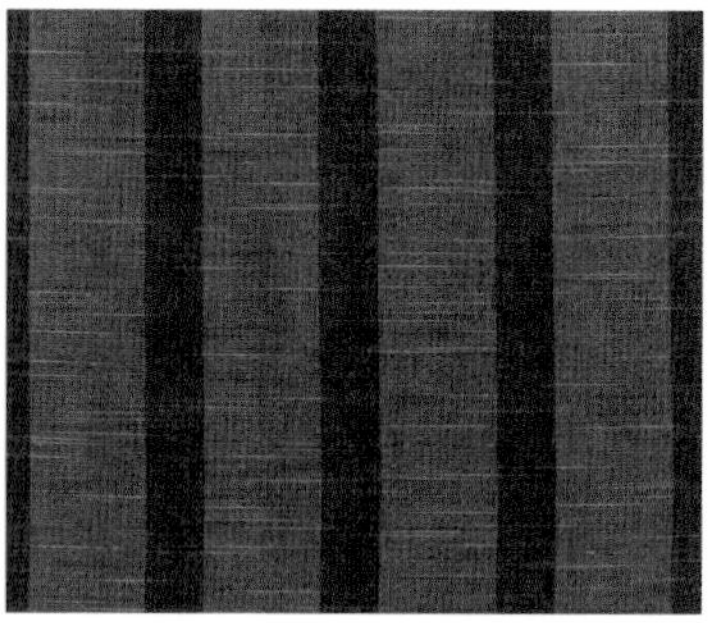

かつお縞×グリーン／K02-G

かつお縞（→ P.92）の緯糸をグリーンに替えて織りました。グリーンのグラデーションが五色沼みたいできれいです。

白虎×カラシ／KWB-K

白虎（→ P.99）の経糸を使い、緯糸をカラシ色で織りました。淡い菜種油色が初々しさを感じさせます。

白虎×ブルーグリーン／KWB-BG

白虎の経糸で緯糸をブルーグリーンに替えて織りました。はらっぱでは珍しい淡い空のような色合いです。

白虎×ベージュ／KWB-B

白虎の経糸で緯糸にベージュを使って織りました。明るいベージュなので、なんにでも合わせやすい色みです。リネンのような色合いで、春夏向きの生地です。

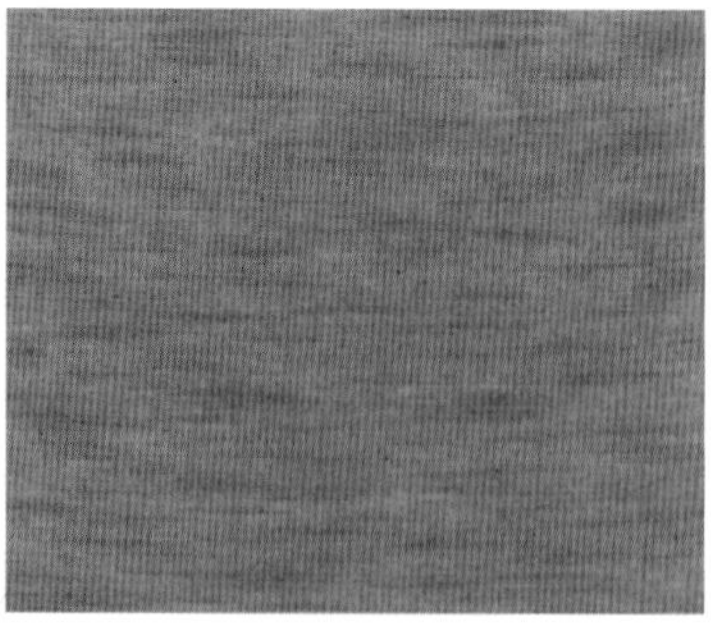

白虎×赤／KWB-R

白虎（→ P.99）の経糸を使い、緯糸を赤で織りました。イチゴのような色合いで、ストールなどにすると顔まわりが華やかになります。

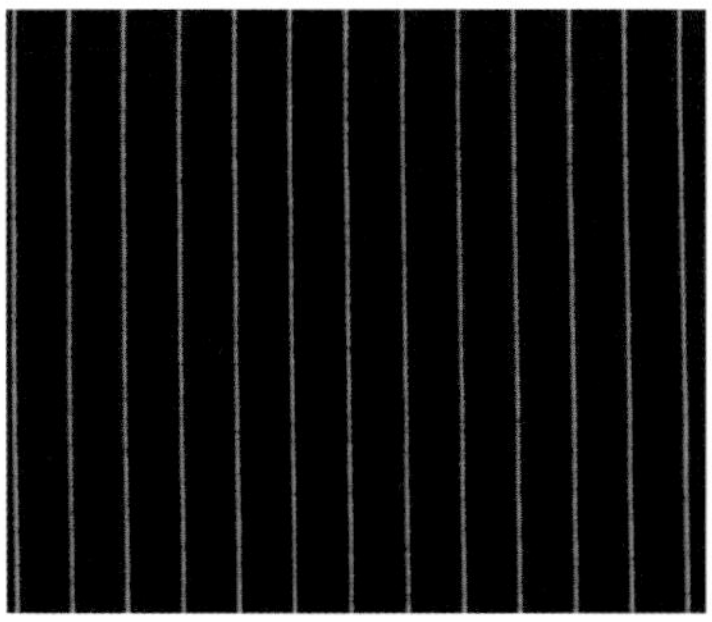

はなふさ縞／ P44

はらっぱの 2018 年新作柄。“ はなふさ ” は漢字にすると “ 英 ”。英国紳士のスーツの柄をイメージしつつ、和装にも合いそうなピッチ（幅）の縞に仕上げてみました。

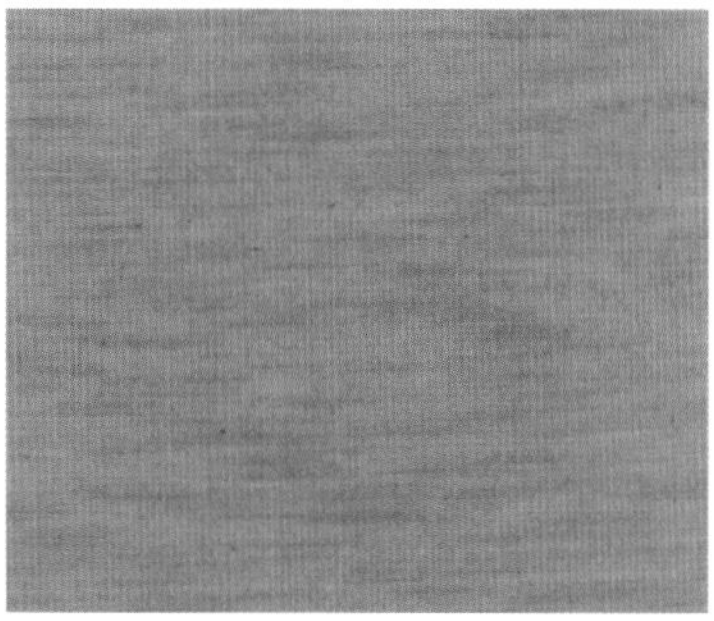

よもぎ／ K26

原山織物工場時代からの定番色。経糸に若草、緯糸にグリーンを使用した、夏によさそうなさわやかな色。昔からあった色を再現して織り始めました。

ピンク×赤／ KPK-R

原山織物工場時代からの定番色。経糸にピンク、緯糸に赤を使った鮮やかなピンクです。

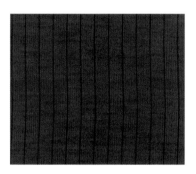

柳縞／ P45

はなふさ縞の色違いで、柳の木の幹のブラウンとくすんだ葉の色をイメージした色合わせです。シックな仕上がりですが、ベースのカーキグリーンがどんな色とも相性がよく、とてもおしゃれな配色です。

玉虫×カラシ／ KTM-K

定番の玉虫の緯糸をカラシ色に替えて織りました。見る角度によってゴージャス感のある輝きを放つ生地です。

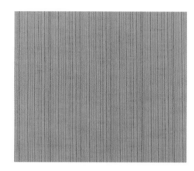

やたらベージュ／ K25

原山織物工場時代からの定番柄。人気の “ やたら ” シリーズのベージュバージョンです。

もえぎ縞／ KP46

柳縞の緯糸をグリーンに替えて織っています。抹茶色のピンストライプで、お洋服にしてもスッキリ着ていただけます。

よもぎ×ベージュ／ K26-B

若草色の経糸に、ベージュの緯糸で織っています。うぐいす餅のようなやわらかい色が春にぴったりです。

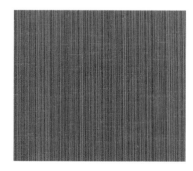

やたら紫×ベージュ／ K15-B

原山織物工場時代からの定番柄。人気の “ やたら ” シリーズの紫バージョンの緯糸をベージュに替えて織りました。

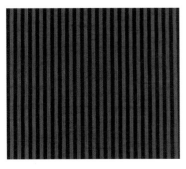

とくさ縞／KP53

はらっぱの新柄です。すいか縞より細かい縞ゆきで、合わせやすくお洋服にも向いています。

くれない茶縞／KP49

右下のくれない縞の色違いで、くれない縞では赤系の緯糸を紺に替えて織っています。くれない縞よりも落ち着いた縞柄です。

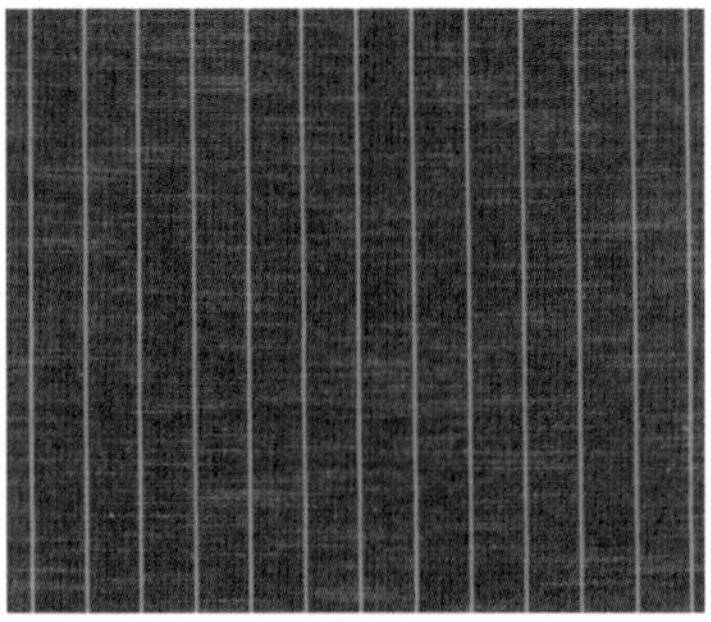

銀ねず縞／KP47

はらっぱの新柄で、はなふさ縞（→ P.101）の色違い。経糸は紺系にライトグレーとカラシを組み合わせ、ライトグレーの緯糸で織り上げた、落ち着いた渋い縞柄です。

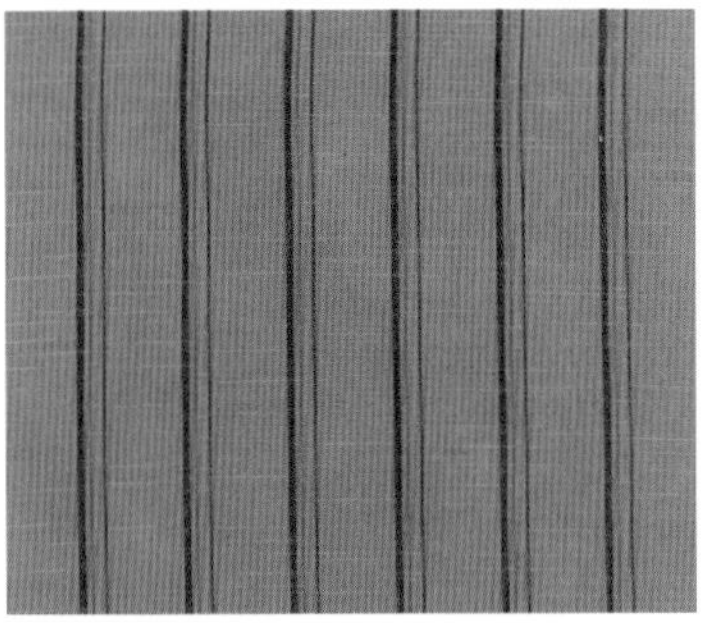

うてな縞／P54

原山織物工場時代からの定番縞を、ピンクベースで作りました。スカートやトップスなど女性らしいアイテムだけでなく、メンズシャツなどにもおすすめのさわやかな柄です。

ダークチョコ／KP51

少し赤みのあるチョコレート色のこの生地は、はらっぱになってから初めて染めたモカ色の経糸がベースになっています。

茶棒縞／K27

原山織物工場時代からの定番柄。えび茶とスミクロの細い縞で、渋く落ち着いた雰囲気。洋服にもぴったりです。

ピンク棒縞／P55

原山織物工場時代から人気ナンバーワンの縞柄を、ピンクを混ぜて作ってみました。緯糸がベージュなので、ピンクでも落ち着いています。飽きのこないベーシックな縞柄です。

金茶／P52

はらっぱになって初めて染めたモカ色を経糸に使い、緯糸をカラシ色で織っています。角度によって変わるきらめきのある生地です。

くれない縞／KP48

はらっぱの新柄で、はなふさ縞（→ P.101）の赤バージョン。朱赤系のベースにこげ茶の細い縞がアクセントになっています。小物などにもぴったりです。

若縞／ K29

会津若松の地縞をモチーフに再現しています。カラシ色の部分がゴールドのように見え、棒縞より引きしまって見える効果があります。

ピンク棒縞×オレンジ／ P55-ORG

ピンク棒縞（→ P.102）の緯糸をベージュからオレンジにしたバージョンです。全体的に明るく元気な印象になりました。

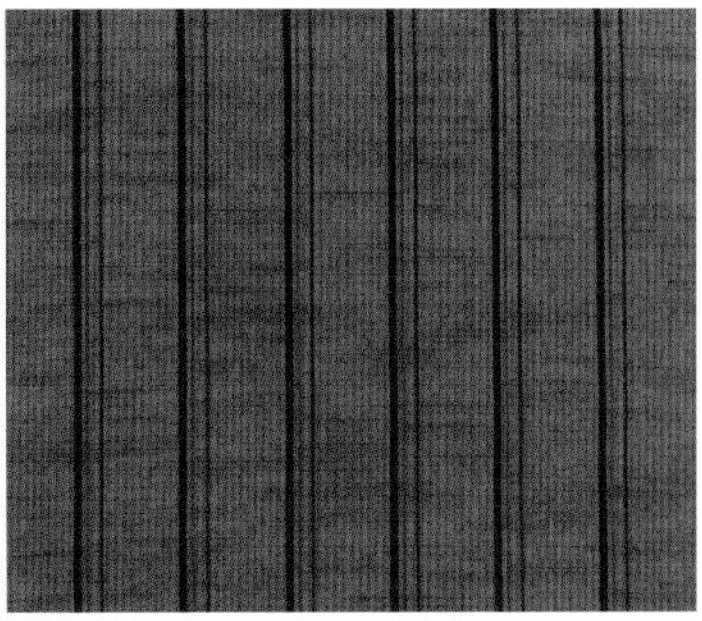

うてな縞×茶／ P54-KT

はらっぱの新柄です。原山織物工場時代の縞を台湾での展示会用にはらっぱバージョンで作りました。紺色の縞がアクセントになっており、ボトムスにも向いています。

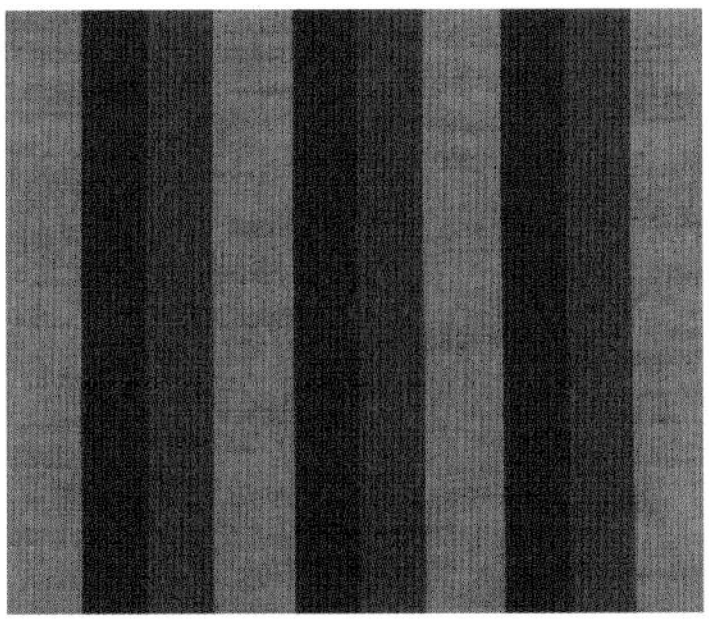

棒縞×茶／ K28-KT

右下の棒縞の緯糸をこげ茶に替えて織りました。棒縞よりもしっとりと落ち着いた縞ゆきです。

わさび／ K26-26

若草色の経糸にライトグレーの緯糸で織っている、涼やかな色みのミントグリーンです。お洋服にしてもすっきりと見えます。

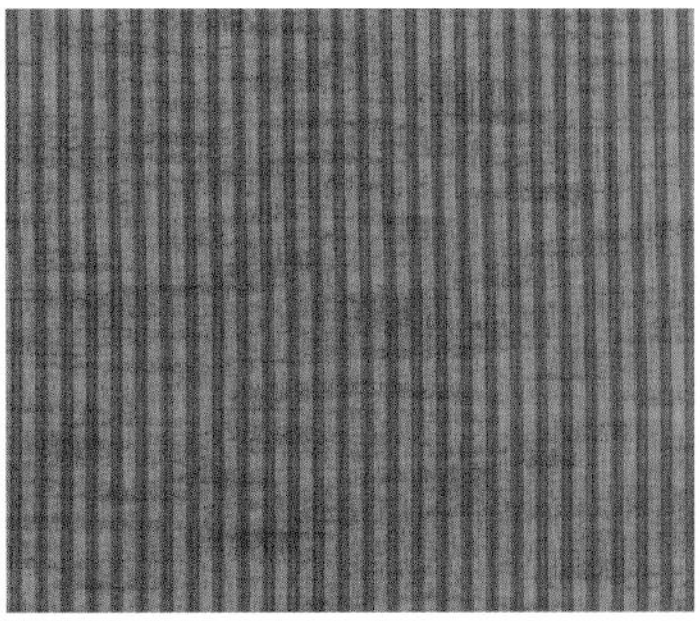

ピンク棒縞×茶／ P55-KT

右下のピンク棒縞の緯糸を茶色にしたもの。ベージュバージョンより落ち着いていて、大人っぽい仕上がりになっています。

赤棒縞／ K30

人気の棒縞の赤バージョン。基本の棒縞の経糸の紺を赤に替えています。緯糸は棒縞と同じく紺を使用しているので、赤を使っていても落ち着いた、シックなトーンになっています。

棒縞／ K28

原山織物工場時代の縞を参考に、はらっぱになってから作りました。昭和レトロを思わせるような配色で、立体感と奥行きのある縞です。

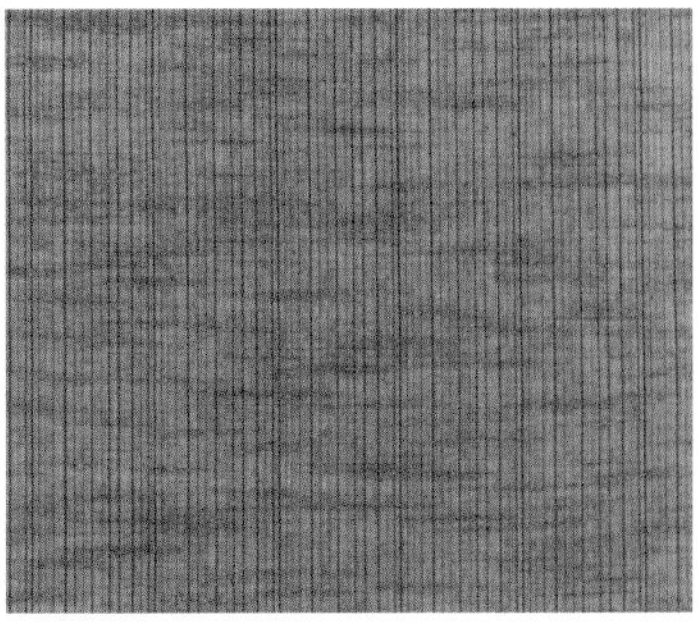

やたらベージュ×茶／ K25-KT

原山織物工場時代からの定番柄。人気の“やたら”シリーズのベージュバージョン（→ P.101）の緯糸を茶に替えて織っています。

knulpAA（knulp-a1.com/knulpgg/）オーナーの町田顕彦さん。

ご近所のギャラリーさんたち

　ヤンマは2008年1月に、武蔵境にある自宅マンションから始まりました。そのあと、三鷹、吉祥寺と移動し、2013年に練馬区の石神井公園の近くに小さなアトリエを建てて、余裕をもって洗濯ができる環境を整えました。そこからは石神井公園がヤンマのホームグラウンドです。

　引っ越しと同時にお取引を開始した大泉学園のcopse《コプス》さん、そしてうっすらと（笑）オーナーの町田さんの弟さんとつながっていたknulpAA《クヌルプエーエー》さんというふたつのギャラリーさんは、とても頼りになるご近所さんです。その後両店の絶大な協力を得てたくさんの人たちを紹介していただきました。信頼できる熱い人たちが続々と現れ、さすが〝井〟のつく場所、お宝がたくさん湧き出てくるようでした（笑）。

　クヌルプAAさんは、すでにコプスさんとの取引があったので取引先としてつながるという感じではなかったのですが、石神井に引っ越して約1年後に私が会津木綿工場を引き継ぐことになり、そのことですごく励まされた、と言われ、ならば！　とはらっぱの商品を積極的に紹介していただくことになりました。

　さらには、町田さんの奥さんがヤンマで働いてくれることになったりと、公私共に？すごくお世話になっています。とくに「キヤリコ：インド手仕事布の世界」と一緒に毎夏開催している「ワーペンウエフト」というイベントは、町田さんの承諾なしには始められなかったイベントです。キヤリコ代表の小林さんと古今東西の布の話で盛り上がりすぎて、「バンドやろうぜ！」「おー！　じゃあ、クヌルプさんでギグやっていいか聞いてみよう！」みた

copse（www.copse.biz/）オーナーの小森知佳さん。

いなノリでお願いしたのでした（笑）。それがもう7回も続いているのだからすごい話です。

しかも、「ワーペンウエフト」はヤンマのアトリエ、コプス、クヌルプAAのみならず、たべものやITOHEN、ワイン食堂クラクラなどなど、石神井公園近辺のたくさんの飲食店さんも参加して、期間中に特別メニューを出してくれたりするお祭りのようなイベントで、東京の片隅でこっそり学園祭をやっているような感じなのです。

それもこれも、ヤンマではなく、町田さんとコプスの小森さんのおかげ。時々トークイベントもやらせてもらい、毎回ヤンマとキヤリコのお客様と顔を合わせて「これからも布の世界を、産業として、人の営みとして、感謝し理解を深めていこう！」と謎の決意を新たにして、飲んで解散！　を繰り返させてもらっています（笑）。

コプスのオーナーの小森さんは、ライターさんでもあり、すごく頭の回転の速い人です。

初めて会った場所は、神奈川のペドラーさん（116頁参照）でした。ヤンマに関心をもってくれて、商品も見てみたいということで、遠くまで来てくれたのでした。ただ、そのときは会話の展開の速さに私がついて行けず、改めて石神井公園でゆっくり話す機会をいただきました。そこでライターの仕事もされていると聞き、ああ、だからこんなに頭の回転が速いんだ、と納得（笑）。そして後日、私との会話をインタビュー記事としてコプスのブログにあげてくださったのですが、それがすごくまとまっていてよかったのです。

なので、そこからは安心してお取引をさせてもらっていますし、お客様にも丁寧に説明してくださり、日々感謝しています。石神井&大泉学園は〝気〟が良いところなので、ぜひ、時間に余裕をもって遊びにきてください。

Chapter 4

日本の美しい布を探して

美しい手仕事布はまだまだあった

日本の織物産業を盛り上げたい

　2010年に〝会津木綿〟を筆頭とする和木綿と出会い、その後〝松阪木綿〟(三重県松阪地域の伝統織物)や〝備後節織《びんごふしおり》〟(広島県福山市を中心とする備後地方の伝統織物である備後絣から派生して生まれた織物)との出会いもありました。2015年に会津木綿の工場を引き継いでからは、いろんな織物産地の方からもお声がけをいただくようになり、全国津々浦々いろんな織物の産地や現場にうかがうこともできました。一概に〝織物〟といっても、とても手のかかる高額なものあったり、その工程は本当にさまざまでした。

　そんな中で、もっと日本の織物産業が盛り上がっていくといいなあという思いが強まり、僭越ながらそのために何かできないかと考えるようになりました。

　そんなある日、公私共にお世話になっているSさんから「ナナさん、布を扱ってらっしゃるのなら、こんな商品があるといいと思わない？」と相談を受けました。それが、ヤンマ産業創業と同時に始まったYAMMA以来、2番目のブランドとなる「hao—芭織」の原型となりました。

　提案されたのは、幅30センチ、長さ1メートルくらいで、首のまわりに1周巻いてボタンで止めるだけ、の簡単で軽い羽織りもの。それを聞いたときに、それなら反物の幅を無駄にせず使えるし、美しい布をそのまま楽しめるものができるのではないか？　と考えました。表地と裏地を手縫いで袋縫いにすれば、極力生地を傷めず、元の形に戻すこともできます。

　今も各地に残っている手織りの貴重な布は、着物に仕立てたらウン百万円の世界です(ちゃんとその仕上がりまでの工程を見たら、まったくもって法外な値段ではないのですが)。そうした布でも、表地と裏地で各1メートルしか使わないとなれば、いろんな人が手に取れるようになるかもしれない。日本の布の世界にふれる新しい窓口になれるかもしれない、と思い立ちました。

布探しの旅で知ったこと

美しい布を求めて

思い立ったらすぐ行動。布探しの旅を始めることにしました。

とはいえ探すまでもなく、日本にはたくさんの織物の産地があります。その中でも気になる産地をピックアップし、産地を集約する組織・団体などに突撃（笑）。作り手の方々を紹介していただき、訪問するということを始めました。そうして訪れたいろいろな土地の中でも、沖縄には群を抜いて独特な布文化が存在していました。

沖縄は琉球紅型[*1]、琉球絣[*2]、首里織[*3]、花織[*4]、ミンサー[*5]、芭蕉布[*6]などなど、とても現代のものとは思えない仕事が残っています。実際に作業工程をのぞかせていただきましたが、あまりの手のかかりようにびっくりしました。さらには伝統的な布作りの現場を垣間見たことが、〝仕事〟に対する価値観を見直すきっかけにもなりました。

織りの仕事の〝生産性〟とは

琉球絣の工房にうかがったときのこと。そこは2階建ての石造りの建物で、2階に20台くらいの高機《たかばた》（織り手が腰掛けて作業するタイプの手織り機）がある大きな工房でした。私は朝9時くらいからお邪魔して、1階のショールームで社長さんにお話をうかがっていました。たまに職人さんらしき女性が2階に上がっていくのが見えました。

織っているところも見たいなと思っていたので、「職人さんたちは何時に始業なんですか？」と聞いたところ、「それはわからないねえ。みんなあいている時間にくるから」と言うのです。驚いて「ええっ？ 時間決まってないんですか？ それじゃあ、生産管理とかできないじゃないですか？」と尋ねると、「うーん、決まった時間やれとか、そればっかりは言えないからね～。うちはあくまで自由に織りにきていいよって工房を解放していて、できた反物を買い取ってるん

＊1：琉球紅型（りゅうきゅうびんがた）。沖縄の伝統的な型染めで、“紅”が色、“型”が模様を表す。型を用いて防染糊を置くのが一般的だが、型を使わず模様を手描きするものもある。
＊2：琉球絣（りゅうきゅうかすり）。沖縄の伝統的な絣織。ツバメ、井桁など幾何学模様による多彩な図柄がある。
＊3：首里織（しゅりおり）。琉球王朝の城下町だった首里に伝わる織物。紋織、絣織など多彩な技法が用いられる。
＊4：花織（はなおり）。沖縄の伝統的な織物で、現地では「はなうい」と呼ぶ。織り糸の一部を浮かせる浮織の技法で文様を出す。
＊5：ミンサーは幾何学模様を織り出す綿織物の細帯。読谷山、首里、八重山諸島、与那国島で作られていて、それぞれに特徴がある。
＊6：芭蕉布（ばしょうふ）。イトバショウの葉鞘（ようしょう。茎を包む部分）の繊維で織った布。麻よりハリがあり、風通しのよい生地で、かつては沖縄全域で織られ、琉球王朝への貢納布とされていた。

だよね」とのこと。

えええ!?　東京では、いや、本土ではみんな定時で働いてますよ！　強制っていうか、決まりです！　そういうもんです！　と心で叫びましたが、口に出すのはなんともナンセンスな気がして遠慮しました。というのも、要するに時間を切り売りするような感覚でいたら、ある偏った生産性の視点から見たときに効率の悪い手織りの織物は、一番になくなってしまいます。

私の中にもあった固定概念

偏った生産性というのは、いわゆる〝安い早い美味い〟というような価値観から見た生産性のことです。じつは生産というものはもっと多様で、ニーズももっと多様です。ところが私たちの親の世代（戦中・戦後生まれ）は高度経済成長期を生きてきたせいか、〝安くて美味しい〟〝早くて美味しい〟〝早くて安い〟〝近くて便利〟〝軽くてつけてないみたい〟〝薄くて違和感がない〟〝甘くてやわらかい〟〝軽くて食べやすい〟〝笑顔で早い〟〝ボリューム満点〟〝白い！〟などなど、ある一定の価値観の物差しを植え付けられてしまっているように思います。そしてその世代の子どもである私たちも。たとえばアパレルの生産現場においても、〝より早く〟〝より安く〟という価値観が作り手にも買い手にも、長い間押し付けられてきたように思います。

でも本当は、幸福感は人それぞれの感受性で選んでいいはずです。戦後日本の発展に尽力してくれた団塊の世代の方々の目標は達成され、ひとしきり感謝もするのですが、ただ一部、〝望んでいないことが叶って〟きたのも事実だと思います。私たち全員が、本当にそれを望んできたのか、という。

そういった中で、今までも日本でありながら日本でないような、歴史を振り返っても何かいつも隔たりのあった沖縄にはその影響が少なく、沖縄独自の価値観や幸福感を保持できているのかもしれない、とそのとき思いました。そんなわけで、私の価値観を押し付けるのはとてもナンセンスに感じたのです。

そして沖縄にかぎらず、今ではその〝生産性の多様化〟を発信している人たちも出てきているし、提供するほうもされるほうも意識的になってきている気がします。〝安いほうがいい〟〝早いほうがいい〟〝美味しいほうがいい〟は、本当にそうなのか？　と、日々これまでの価値観を疑うような情報や考え方に出会うこ

3	2	1
6	5	4
9	8	7
12	11	10

1～4／琉球絣の代表的な工房のひとつ「大城廣四郎織物工場」にて。1は琉球藍の藍甕。琉球絣は経糸、緯糸ともに絣糸を使用する“経緯絣”で、2は職人さんが防染用の糸を括っている様子。3は括ったあとの糸、4は見せていただいた完成品。5・6／5は沖縄の染織を幅広く扱う「おおき屋」の女将さんと。6は沖縄の風景。7～11／知念紅型研究所にて。この工房では手描きによる絵付けが行われていて、9の写真のように反物1枚に何人かが同時に絵付作業をしていました。10・11はこの工房の紅型。12／紅型の県指定無形文化財技能保持者で、帯を中心に手がける金城昌太郎さんの作品。金城さんにも貴重なお話をたくさんうかがいました。（写真：著者提供）

とができます。

沖縄には布を探しに行ったのに、結局、布を作るということについて、また布と共に生きるという人の営みについて考え、知ることになりました。

現存することが奇跡のような布

同じように、栃木県の結城紬の現場にもお邪魔させてもらったのですが、こちらは真綿《まわた》（蚕の繭を引き延ばして綿状にしたもの）から手紡ぎした撚りをかけない無撚糸を使用する、現在では日本唯一の絹織物の産地です。最大の特徴ともいえる糸作りの工程は、〝蚕が作るあの白い玉（繭）をほぐして、フワフワの真綿にして、さらにそこから手に唾をつけながら糸を繰り出す〟というもの。想像するだけでも、途方もない手間がかかることがわかるのではないかと思います。

1日やっても10グラムもできないといいます。私が訪ねたおばあちゃんは、よそから嫁いで結城に来て、お姑さんに教わって以来、手のあいたときや家族が寝たあとにずっと糸を紡いでいたそうです。着物1着に必要な反物の重さはだいたい700グラムと言われているので、それに見合う糸を作るだけで3か月くらいかかります。

ようやく糸ができると、今度は絣織の技法を用いて細かくプログラムされた図柄に合わせて糸を手くびり（糸の束に防染用の別糸を手で巻くこと）で防染し、糸染めしていきます。そして、最後は地機《じばた》と呼ばれる、床に座って手足を使って織るタイプの手織機で織られます。

結城紬は、着物を1着作るために、本当に人ひとりのじつに1年間という〝時間〟を必要とする織物で、どんなに考えてもショートカットがないのです。そうやって考えると、この現代社会に現存するだけでも奇跡のような布です。

結城紬はユネスコの無形文化遺産にも登録されています。そして、国を挙げて支援されているとはいえ、こういった貴重な布も、基本は民族衣装である〝着物〟に使われてきたため、需要も生産量も激減しているのは事実です。そんな織物たちを新しいブランドを通じて、たくさんの人にご紹介したいと思いました。

こんなふうにいろいろな布や、布作りの仕事に出会いながら気になる大量の布を集め（それが本章扉の写真の布です）、準備を進めていきました。

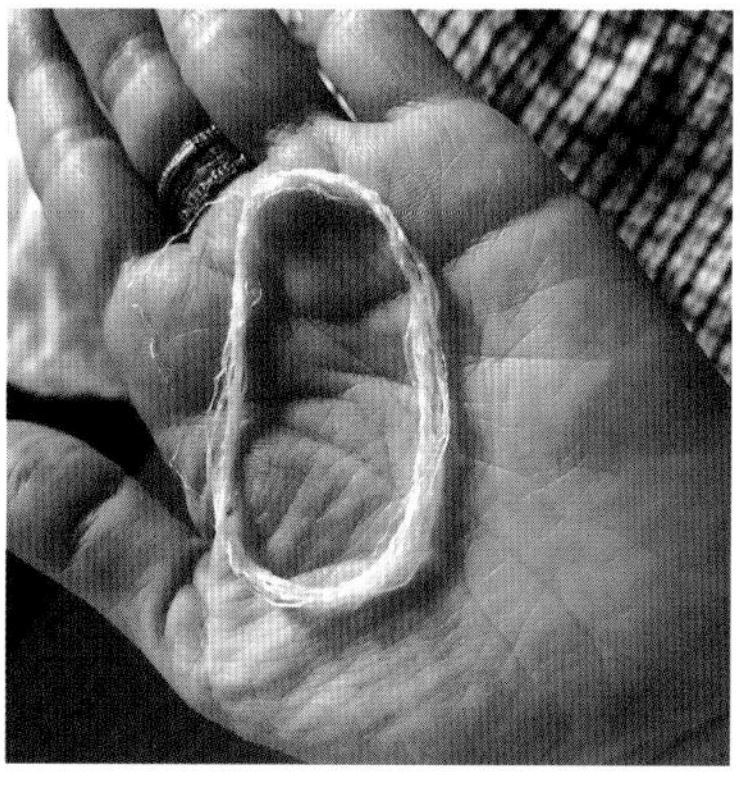

3	2	1
6	5	4
8		7
		9

1・2／知花花織事業協同組合にて。美しい模様が織り出されていました。3／沖縄の染織に欠かせない黄色を染める“福木”の樹皮。4～12／茨城県結城市へ結城紬を訪ねたときの写真。街には4のような古い家並みも多く残されています。5は小倉商店さんが運営する「本場結城紬 郷土館」で見せていただいた見本帳。結城では小倉商店さん、奥順さんという2軒の産元にお世話になりました。6は結城紬縮織（ちぢみおり）用の撚糸機。7は織機にかけられた経糸。手紡ぎの糸はケバが多く、とても細く軽いのが特徴です。8は糸紡ぎの作業風景。紡いだ糸は下に置かれた“おぼけ”と呼ばれる容器に入っていきます。9は紡いだばかりの糸。（写真：著者提供）

左ページ写真／完成した芭織のショール。同じ産地の生地の異なる柄を表裏に使用したリバーシブル仕立てです。一番手前は琉球絣で、柄は沖縄らしく「バナナの葉っぱと鳥」です。

美しい布をまとう、〝芭織〟できました

貴重な布だからこその作り方

ラインナップとする布が見えてくる中で、製法についても考え始めました。今回は昔からの製法で作られたようなとても貴重な布を使うということで、縫製にも気を遣いたい。昔の着物は、サイズが合わなくなったら全部ほどいてまた違うものを作ったり、はたまた、ボロッボロになってしまっても布自体が貴重だったので、ボロ布を集めて刺し子をして雑巾にしたり（今では〝襤褸［boro］〟として英語圏でアンティークが流通していたりします）と、本当に擦り切れてチリになるまで使われていました。それを思い出して、絹のものと紅型などの手描きのものに関しては、手縫いで仕上げようと考えました。

そこで、またまた、ヤンマ産業スタート時の〝おばあちゃんに縫ってもらう〟という初心に帰れるチャンスかと思い、そんな話をなぜか旅先の台湾でしていたら、取引先でもある「你好我好《ニーハオウォーハオ》」主宰のAさんが、「うちのお母さん、友だち集めて裁縫部みたいなことしてるよ！」と言うではありませんか。そして、たまたま、お母さんのYさんも台湾に来ていました（笑）。

そこで早速会って話をして、日本に帰ったらすぐに神奈川県真鶴のご自宅にうかがうことを約束しました。帰国後すぐに真鶴へ行き、立派なアジフライをご馳走になりながら、お仕事の依頼をしました。

ボタンも、表地と裏地を2個のボタンではさむことで、ボタン同士が相手を支え合い、布にテンションがかからないように縫い付けました。もしショールとして使わなくなっても、ほどいて1枚の布にして額装してほしい。そんな美しい布たちが、今、ひととき、芭織として、人々の身のまわりで楽しめる存在になって、そしてまた次の時代がきても、姿を変えて誰かのそばにある布になれたらいいな――そんな願いを込めてデザインしていきました。

そして2019年10月、日本発のショールブランド〝hao―芭織〟がデビューしました。

Column

YAMMAを支える〝あの人〟たち④

PEDLAR 店内風景。入り口を入ってすぐの特等席（笑）でヤンマの服を展示してくれています。

ペドラーさん

ヤンマの取引先は生活雑貨のお店が多いのですが（お洋服屋さんは2か所くらい？）、中でも関東で一番お付き合いが長いのが、神奈川県の橋本にあるPEDLAR《ペドラー》さんです。狭い（失礼？笑）店内には所狭しと全国（世界？）津々浦々から集めた雑貨や手仕事のものが並びます。店主の松井さん（以下は普段の呼び方通り〝ペド子〟）は、『暮しの手帖』の記事でヤンマを知り、連絡をくれました。初めて会ったのは2009年の初夏と記憶しています。

サンプルを持って、電車で行きました。お店の一角がカフェになっていて、そこで出してくれた冷たい飲み物をいただきつつ、お互い大真面目な顔で話をしました。ヤンマはまだ九州にしか取引先がなく（熊本の実家に子どもを預けて九州で営業回りをしていた時期でした）、初めての関東からのお声がけに、ドキドキしながら行ったことを覚えています。

当時はナチュラルブームというのかな？ お洋服もリネンやオーガニックコットンが流行っていて、いろんなお店が、白、生成り、ベージュ、紺、黒、杢グレー、みたいな色で埋まっていました。当時は、ペド子も絵に描いたようなナチュラルでかわいい店主さんでした。紺と白のボーダーシャツにチノパン、みたいな出で立ちだったかな。で、「うちの雰囲気だと、白、生成り、ベージュ、紺、黒あたりのアイテムで仕入れをしたいなあ、ほかの色は動くかなあ（売れるかなあ）」みたいな、わりと守りに入った話をされた記憶があります（笑）。私は、ペドラーさんの客層や雰囲気をイメージしながら商品を何か考えよう！ と前向きに帰路につきました。

PEDLAR（pedlar.jp/）店主の松井由起子さん。

取引開始から1年後に会津木綿を扱うようになったときには、「こんなはっきりした色売れるかなあ……和っぽいしねえ、縞はどうかなあ、棒縞とカツオ縞くらいなら受け入れられるかも？」と言いながら、一緒に色・柄選びもしてくれました。みんなが持っている白、生成り、ベージュ、紺、黒のアイテムに合うような、ブルー、カラシ、グリーン、紺、棒縞、かつお縞を受注会用の生地見本に入れることが決まりました。当時はふたりとも本当に慎重で、いろんなことにドキドキしていたものでした。

その後、ペドラーはヤンマの展示会で、関東一お客様の来る店になります。ほかの店舗様も素晴らしく、たくさんのお客様に来ていただいているのですが、あの狭い場所にあの数（笑）、いまや禁断の〝密〟空間です！　夏は暑さ対策にも頭を使ったりしました。

ペド子はびっくりするほど几帳面で、仕事が早く、フレキシビリティにあふれています。何をお願いしても「ナナちゃん！　全然大丈夫よ！」と返ってくる感じです。初めの頃はすごく慎重だった気がするのですが（笑）。

アメリカに行くと決めたときも「全然大丈夫でしょ、ヤンマっ子いるし。私も何でもやるよ！」となんの抵抗もなく送り出してくれました。で、本当に、当時まだ慣れていなかったEちゃんの代わりに、九州までKちゃんのサポートに行ってくれたりしました。そして直後に、息子の通称ペド太郎をご懐妊。飛び入りヤンマっ子としての期間は短かったですが、それでも銀座松屋のイベントなどのヘルプに来てくれたり、私がヤンマっ子をあまりに放置していることを心配していると、「私が励ましとくから大丈夫！」と引き受けてくれたりと、本当に心強いヤンマのファミリーです。本当にいつもありがとう、ペドちゃん。

YAMMA's Wear Collection

YAMMAの服

P.118：Vネックワンピース（長袖・普通丈／会津木綿・朱赤）
P.119：［トップス］Vネックブラウス（ロング丈／会津木綿・おさむ縞）、［ボトムス］スリムパンツ（ロング丈／会津木綿・おさむ縞）

P.120：[トップス] 丸首ボタンワンピース（ロング丈／会津木綿・黒緑)、[ボトムス] ダボパン（ロング丈／会津木綿・16番白）
P.121：ジャンプスーツ（会津木綿・グリーン）

右：［トップス］会津木綿のリバーシブルジャケット（ショート丈／朱赤×ピンク）、［ボトムス］ヤンマの定番キュロット（ロング丈／会津木綿・うてな縞）
左：［トップス］会津木綿のリバーシブルジャケット（ショート丈／黒×スミクロ）、［ボトムス］タックスカート（ロング丈／会津木綿・古代縞）

右：エックスラインワンピース（ロング丈／会津木綿・棒縞）
左：エックスラインワンピース（ロング丈／会津木綿・黒）

［トップス］会津木綿のリバーシブルジャケット（ロング丈／紺×黒）、［ボトムス］タックスカート（ロング丈／会津木綿・はで縞）

［トップス］ダボ袖ジャケット（ロング丈／会津木綿・スミクロ）、バルーン袖シャツ（会津木綿・わさび）、［ボトムス］タックスカート（ロング丈／会津木綿・すいか縞）

Basic Catalogue
ベーシックカタログ

現行アイテムを中心とするヤンマの定番ウエアカタログです。
◎生地はアイテムごとに、会津木綿、リネン、松阪木綿など、デザインに合わせて設定されたものから選べます。
◎ショート丈／ロング丈などと記載がある場合、マイナス10cm、プラス10cmなど、アイテムごとに設定された規定寸法を増減した丈を選べるようになっています。
◎受注会では、規定の寸法バリエーションから、さらに体型に合わせたサイズ調整（オプション料金あり）のオーダーも可能です。

2	1
4	3

1：ヤンマ定番丸首シャツ（小衿バージョン）／ヤンマの初号アイテムのひとつ、シンプルなリネンの丸首シャツ。ボタンはなく、Tシャツのように、頭からかぶって着る仕立てです。登場以来13年間、何ひとつ変えることなく作り続けているザ・定番。
2：リネンのVネックブラウス／1のVネックバージョンです。
3・4：会津木綿の前後両方で着られるシャツ／会津木綿を2枚はいだ、ゆったり幅で着やすいドロップショルダーシャツです。

2	1
4	3

1：会津木綿のスタンドカラーシャツ／短め丈でスッキリ着られるスタンドカラーシャツです。重ね着にもおすすめ。
2：リネンのスタンドカラーシャツ（レギュラー丈）／1のリネンバージョンで、リネンの場合は丈が2種類ありこちらはレギュラー丈です。
3：ニュースクエアシャツ／身幅はゆったり、軽くて着心地のいいシャツ。通常リネンですが、こちらはカディコットンの五分袖タイプ。
4：ニュースクエアシャツ（長袖）／3の袖だけを20cm長くした長袖のリネンバージョンです。

2	1
4	3

1・2：会津木綿のカッターシャツ（1はショート丈、2はレギュラー丈）／ユニセックスに着られるシンプルなシャツです。カッターシャツシリーズは対象が幅広いため、会津木綿のほかにリネン、松阪木綿と、選べる生地の種類がほかのアイテムより多くなっています。
3・4：リネンカッターシャツ（3はレギュラー丈、4はショート丈）／カッターシャツのリネンバージョンです。夏はやっぱりリネンが着たい、という方にはこちらがおすすめです。

2	1
4	3

1・2：会津木綿のトレーナーシャツ（1はレギュラー丈、2はロング丈）／ずっと作りたかった布帛のトレーナーを会津木綿で作りました。袖口と裾まわりにゴムを入れることで、まさにトレーナー感覚で着られます。とはいえ布帛なので、きちんと感もあるのがいいところ。
3：会津木綿の長袖シャツ／身頃はシンプルなスクエアシルエット、スッキリ短めの袖の先にスリット入りのカフスをつけてアクセントに。
4：会津木綿のバルーン袖シャツ／ふんわり袖がポイントのシャツです。後ろ身頃にはタックがとってあるので、ゆったり着られます。

2	1
4	3

1：会津木綿のリバーシブルジャケット（ショート丈）／P.122でもご紹介した表裏に違う柄を配したジャケット。P.124はロング丈です。
2：会津木綿のダボ袖ジャケット（ショート丈）／楽に着られて、きちんと感もあるジャケット。ロング丈バージョンもあります（→P.125）。
3:会津木綿のコートジャケット／ヤンマ初のコート。春や秋に（真冬でなければ冬も）活躍します。現在休止中ですが、いつか復活させたい！
4：ツイルリネンのダボ袖ジャケット（右・ロング丈、左・ショート丈）／ダボ袖ジャケットの、くったりやわらかなツイルリネンタイプ。

2	1
4	3

1・2：タックスカート（1は会津木綿・レギュラー丈、2は松阪木綿・ロング丈）／切り替えにより腰まわりがモタつかない、一番人気のアイテム。丈は10cm刻みで3種類。写真の2種のほかにミドル丈があります。会津木綿に松阪木綿、リネンでオーダー可能です。
3：リネンのギャザースカート（ロング丈）／たっぷりギャザーの入った軽いスカートです。丈は10cm刻みで3種類。
4：会津木綿のライトギャザースカート（左からレギュラー丈、ミドル丈、ロング丈）／会津木綿の縞が引き立つシンプルなスカートです。

2	1
4	3

1：ヤンマの定番キュロット／P.41 でもご紹介した定番キュロット。当初は写真の天日干しリネンのみで展開していました。
2：会津木綿のキュロットパンツ／定番キュロットよりボリュームを増し、フェミニンなスタイルに。10cm 短いバージョンもあります。
3：ツイルリネンのロングキュロット／ほどよい厚みがありやわらかなツイル（綾織）リネンのボリュームたっぷりなキュロットです。
4：会津木綿のダボパン（右はロング丈、左はショート丈）／体型を気にせず履ける、ゆったりシルエットのソフトサルエルパンツです。

2	1
4	3

1・2：会津木綿のスリムパンツ（1はロング丈、2はショート丈）／ほどよいゆとりはありつつ、お尻まわりから裾までスッキリとしたシルエットのパンツです。レギンス感覚で重ね着に使うのもおすすめです。

3・4：会津木綿のふわっとパンツ（3はショート丈、4はロング丈）／股部分に少しマチをつけたことで、お尻まわりはヤンマのパンツの中で一番ゆったりしています。それでもテーパードがかかっているので裾まわりはスッキリ。じつは男性にもおすすめのパンツです。

1
3 | 2

1：会津木綿のオールインワン（右から１番目、３番目）、会津木綿のひもつきサロペット（右から２番目、４番目）／どちらも現在お休み中なのですが、復活させたいと思っているアイテム。ともにおなかまわりがゆったり、動きやすくて一度着るとくせになるんです。
2：会津木綿のエックスラインワンピース（ロング丈）／P.123でもご紹介したエレガントなワンピース。10cm 短いバージョンもあります。
3：リネンのジャンプスーツ／１枚で決まる便利アイテム。ハリのある生地がお好みなら会津木綿（→ P.121）、落ち感を活かすならリネンで。

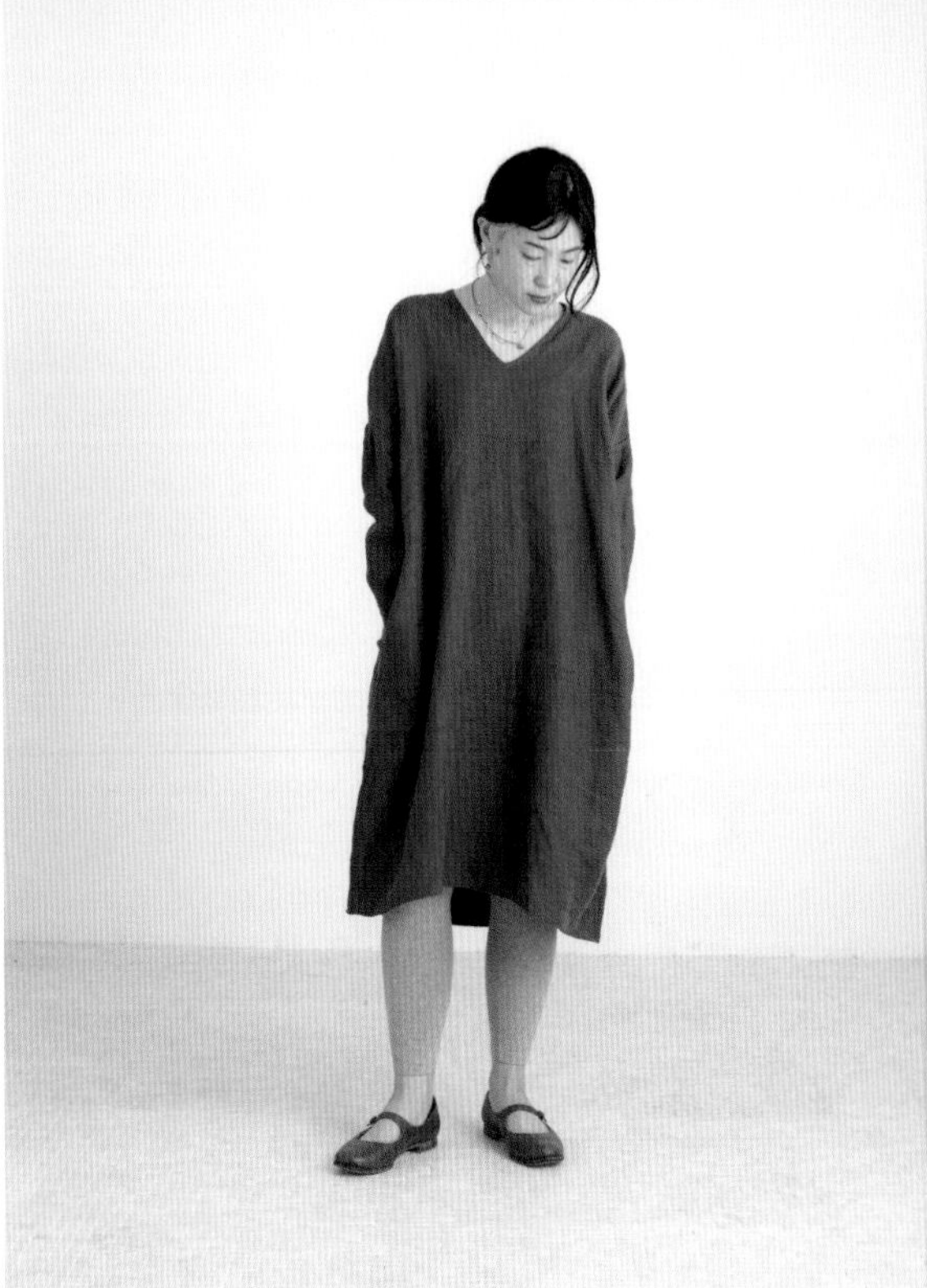

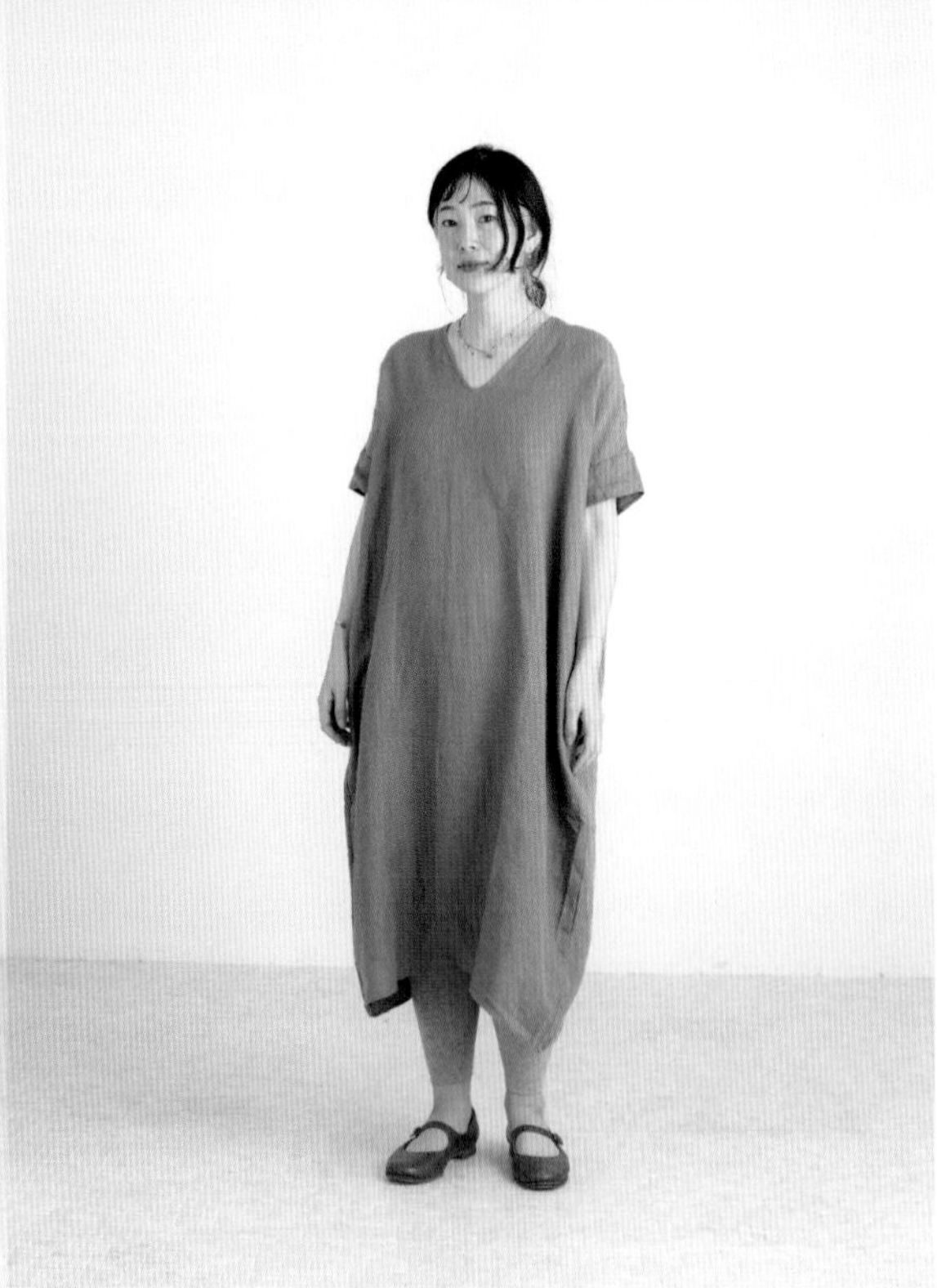

2	1
4	3

1・2：会津木綿のＶネックワンピース（1は半袖・ロング丈、2は半袖・ショート丈）／切り込みが深すぎず首元をきれいに見せてくれるＶネックがポイントの、ボックスシルエットのワンピースです。ショート丈とロング丈の違いは10cm。

3・4：リネンのＶネックワンピース（3は半袖・ロング丈、4は長袖・ショート丈）／Ｖネックワンピースのリネンバージョン。リネン特有の落ち感が会津木綿とはひと味違うシルエットを作ります。Ｖネックワンピースは半袖、長袖とも２種類の丈から選べます。

2	1
4	3

1・2：衿付きウエスト切替ワンピース（1はリネン・レギュラー丈、2は会津木綿・ロング丈）／低い位置に切り替えをつけ、甘くなりすぎないようタックでスカート部分のボリュームを出した、きれいめにもカジュアルにも着られるワンピース。
3・4：丸首ボタンワンピース（3は会津木綿・ショート丈、4はリネン・ロング丈）／衿ぐりも身幅もゆったりとしたオフショルダーのシンプルなワンピース。ボタンを止めずに薄手のロングジャケットとしても着られます。

Our Favorites

ヤンマっ子たちのお気に入り

70頁でもご紹介した通り、現在ヤンマでは4名のスタッフたちが日々さまざまな業務をこなしてくれています。普段からヤンマのウエアを愛用してくれている彼女たちのワードロープの中から、それぞれのお気に入りコーディネートを披露してもらいました。

明絵さん

旦那さんのNY赴任で滞在中にハントした新顔さん。ダメ元でアタックしたら、帰国後ヤンマで働いてくれることに！

会津木綿・黒のエックスラインワンピース（レギュラー丈）とツイルリネン・グレーのダボ袖ジャケット（ショート丈）の組み合わせ。シックな色で甘さを抑えています。

加藤さん

なんと今年8年目のアルバイトさん。すごく落ち着いて見えますが、とってもかわいらしいヤンマの癒やしです。

会津木綿・カラシの衿付きウエスト切替ワンピース（ロング丈）。春夏はもちろん、秋冬はニットやタイツと組み合わせて一年中着ています。

会津木綿・16番白のタックスカート（ミドル丈）をオーバーサイズのニット、ニット帽とコーディネート。“透けない白”のスカートは暗い色が多くなりがちな冬にも活躍しています。

リネン・みどりのスタンドカラーシャツ（レギュラー丈）と会津木綿・棒縞のタックスカート（レギュラー丈）の組み合わせ。きれいな緑をザ・会津木綿の棒縞と合わせてさわやかに。

リネンのVネックブラウス・サンドベージュと松阪木綿のライトギャザースカート（ロング丈）に、自分で編んだ野口智子さんデザインのカーディガンをプラス。

カディの丸首ボタンワンピース（レギュラー丈）と、会津木綿・16番白のキュロットパンツ（ロング丈）の組み合わせ。見た目にも着ていても涼しくて気持ちのいい夏の定番コーデです。

映子さん

ヤンマでは接客担当。仕事のきれいさ丁寧さはピカイチ。食べる姿が美しい、とはうちの娘談（笑）。

会津木綿・よもぎのトレーナーシャツ（レギュラー丈）と会津木綿・16番白のダボパン（ショート丈）の組み合わせ。布帛のトレーナーは思いのほか便利です。

ビビッドな会津木綿・ピンクのタックスカート（レギュラー丈）は、黒のレザーなどハードなアイテムと合わせて大人かわいいイメージにまとめるのが気に入っています。

美由紀さん

おもに経理と事務担当。本人にそのつもりはないと思いますが、いつも山崎を笑わせてくれる面白い人です（笑）。

いずれも会津木綿・黒のダボ袖ジャケット（ロング丈）とスリムパンツ（ロング丈）。一緒に着るとスーツっぽく、子どもの学校などきちんとしたいときにも大活躍します。

現在はお休み中ですが、会津木綿・16番白のカシュクールタイプのオールインワンは胸元の女性らしいスタイルが気に入っています。重ね着しやすいのも◎。

会津木綿・黒の丸首ロングシャツ（レギュラー丈）と会津木綿・はで縞のタックスカート（ロング丈）の組み合わせ。会津木綿ならではのカラフルな縞を黒と合わせてかっこよく。

リネン・グレーのジャンプスーツ（丈 10cm マイナス）は、ボーイッシュにもエレンガントにも着られてとても便利。インナーにニットを合わせると秋冬にも活躍します。

トップスは現在休止中（復活予定？）のリネンのワイドシャツ。ボトムスは会津木綿・モスグリーンの定番キュロットパンツ（ロング丈）。シンプルだけど女性らしさも出るコーデ。

会津木綿・黒の衿付きウエスト切替ワンピース（ロング丈）に袖丈もプラス 20cm。さらに完成後、丈をもっと長くしたくて共布を 10cm、自分で縫い足して満足の仕上がりに。

Epilogue

会津木綿工場を引き継ぐときに、「山﨑さんにとって、伝統ってなんだと思います?」と聞かれたことがありました。いろいろ考えたんですけど、〝伝統〟というのは何かを保存する装置みたいなもので、わかりやすく言うと冷凍庫みたいなものだなと思いました。

一世は風靡したものの、時代が変わったりそのときの経済と合わなくなってきた文化を、いったん〝伝統〟という冠をつけて冷凍保存する。保存はもちろん国や自治体の仕事、はたまた私が引き継いだ会津木綿工場のようにひとつの家族に押し付けられることもある。でもって、いつか解凍されるのを待っている。

私は伝統産業を引き継ぎましたが、会津木綿から〝伝統〟を取りはずしたいと思っています。普通に〝日本の織物〟としてみんなに認知されて、日本人の作ったものを愛する人が増えたらいいなと思っています。また、そういういった自意識（この場合は自分ではなく、自分の国に対する意識）が、ひいては外の世界とつながっていく手がかりになると思っています。

自分を愛せない人は、他人も愛せないとか言いますよね（笑）。それに似ていると思います。もともと自分たちが持っているルーツや文化や死生観（あえて宗教とは言いません）を認識して外国の人と話すと、まったく違う文化や死生観に感心したり、理解できたりするものだと思っています。

随分前から、〝自分探し〟という言葉をたびたび耳にしますが、どこに自分を探しに行くのかな、とよく考えます。人の中身というのは、外からの影響を受けるものだし、外に対するリアクションでできていたりするので、やはり自分を見つけるためには、〝自分の外〟が何でできているのか、どうなっているのか、を理解する必要があると思うのです。この国が、この文化が、この教育が、この食べ物が、この服が……。

なんだか大袈裟な話になってしまいましたが、自分が身に着けている服について、少しでも考えてほしいと思っています。

ヤンマでは毎年「キヤリコ：インド手仕事布の世界」の小林史恵さんと一緒に「ワーペンウエフト（warp and weft）」というイベントをしています。それも、会津木綿を扱うようになってから自分の中に目覚めた日本を理解したいという欲求が、ひいてはインドの手仕事、文化を知りたいという素直な欲求につながっていった結果だと思っています。小林さんに案内されていろんなインドの側面を見せてもらいましたが、同時に不思議と日本も見えてくるのです。外からの影響を多大に受けながら、たまには拒絶しながら、バランスをとりながら、自分の国の文化ができていっている、そしてそれは今もオンゴーイングな話で、今を生きている私たちはその一端を担っている。作る人も、使う人も、売る人も、買う人も。

今回、編集の笠井さんに「YAMMAの服にできるコト」というタイトルを提案いただいたとき、理解が深い、本当にありがたいことだと思いました。一も二もなく、それでいいです、と答えました。私は服を作っているけど、それは目標ではなく、過程であり、服を作ることでできることをいつも探しています。

人間が社会性のある生物であるかぎり、私たちは永遠に何かを着ていなければならない。楽天が自社サイトに「shopping is entertainment」と掲げたときに、ならばヤンマは「shopping is expression」と言いたいと思いました。何を買うかは、あなたが何を考えているかの結実だと思っています。お金を払って家に招き入れる、はたまた服なら、身に着けるという本当の自己表現にまで到達します。そしてそれは表面的な〝かわいさ〟や〝格好よさ〟だけではなく、あなたが何を考えているのか、という思考の表現にもなり得るのです。

日本の布にふれてほしいです。日本の産業を支えるのは、誰でもなく、何でもなく、あなたの購買です（笑）。会津木綿だけでなく、ふとまわりを見回すと、ああ、これ、昔からあるなあ、みたいなものがあると思います、ぜひ手に取って、誰が作っているのかな、とか聞いたりしてみてください。面白い話がたくさん出てくると思いますよ。で、できたら軽い気持ちで買ってください（笑）。やっぱり「shopping is entertainment」なのかな（笑）。

そして、最後になりますが、この本は、新型コロナでニューヨークが完全自宅待機状態になった中、自宅アパートでほぼ書き上げました。そして、今、気になっているのは〝セイフティネット〟というアイデアです。先のことは誰にもわからない、でもわからないからといって投げやりになったり不安になっていくのではなく、より安心感を高めていく生き方や働き方、もの作りってなんだろうかと考えていきたいと思っています。

山﨑ナナ

Nana Yamasaki

熊本生まれ。ヤンマ産業株式会社代表、アパレルブランド「ＹＡＭＭＡ」およびショールブランド「ｈａｏ—芭織」デザイナー。東京藝術大学大学院修了。２００８年１月にヤンマ産業を立ち上げ、同時にＹＡＭＭＡをスタート。シンプルなデザインとともに、〝長く使えるよいもの〟を受注制で販売するという、既存のアパレル業界のしくみとは一線を画したスタイルが共感を呼び、年々ファンを増やしてきた。２０１５年にはメイン素材として使用していた会津木綿の織元が廃業の危機に瀕したことを受け、事業を継承するための新会社「株式会社はらっぱ」を設立し、共同代表（副社長）に。近年は会津木綿のほかにも、日本各地に残る伝統布を残し、伝える活動にも力を入れている。

ヤンマ産業ＨＰ　yamma.jp/

はらっぱＨＰ　www.harappaaizu.com/

ＹＡＭＭＡの服にできるコト

２０２１年３月31日　初版第１刷発行

著者　山﨑ナナ

装丁　宮田佳奈

写真　松本のりこ（左記および注釈箇所以外）

片柳沙織（126～137頁）

モデル　鈴木 結／山﨑ノイ／髙橋紗代子／小林ななこ／浅見美織

井上朝陽／園田 黎

編集　笠井良子（小学館ＣＯＤＥＸ）

販売　中山智子

宣伝　井本一郎

発行人　鈴木崇司

発行所　株式会社 小学館

〒１０１－８００１　東京都千代田区一ツ橋２－３－１

電話：編集 ０３－３２３０－５９６３

販売 ０３－５２８１－３５５５

印刷・製本　株式会社シナノパブリッシングプレス

Printed in Japan　ISBN 978-4-09-307004-1